AF238737

DIE **45** SEKUNDEN
PRÄSENTATION

Die **IHR LEBEN** verändern wird

DON FAILLA

Über fünf Millionen gedruckte Bücher in 24 Sprachen

© der deutschen Ausgabe bei
Life Success Media GmbH

ISBN 978-3-902114-26-6

Herausgegeben von:
Life Success Media GmbH
6020 Innsbruck, Austria
www.mlm-training.com

Gedruckt in der Europäischen Union

ÜBER DAS BUCH

Millionen von Menschen sind im Network Marketing tätig und jedes Jahr kommen weitere Millionen hinzu. Das Wichtigste für einen Neuling ist es, diese Branche zu verstehen. Sie können vier Stunden damit verbringen, ihm das Geschäft zu erklären - oder Sie leihen ihm einfach nur dieses Buch.

ÜBER DEN AUTOR

Don Failla begann seine Network-Marketing-Karriere 1967. Er entwickelte ein bewährtes System zum Aufbau einer großen Organisation, wobei er sich danach ausrichtete, was ihm beim Aufbau seines Geschäfts Erfolg brachte. Don und seine Frau Nancy bereisen heute die ganze Welt, um als internationale Lifestyle-Trainer ihr bewährtes System weiterzugeben. Sie leben in Kalifornien und haben zwei Söhne, Doug und Greg, und fünf Enkelkinder. Dieses Buch wurde millionenfach verkauft und ist in vielen Sprachen erhältlich. Es ist ein wichtiger Bestandteil von Dons bewährtem System.

WIDMUNG

Dieses Buch ist dem freien Unternehmertum gewidmet, das uns allen offen steht und ohne das Network Marketing nicht möglich wäre.

„*Weigere dich nicht, dem Bedürftigen*
Gutes zu tun, wenn deine
Hand es vermag."

Sprüche Salomos 3:27

INHALT

VORWORT

Die 45-Sekunden-Präsentation ist alles, was man kennen muss, um eine große Organisation aufzubauen. Wer es nicht schafft, diese Präsentation zu erlernen, kann sie einem Freund vorlesen oder sie auf eine Karte schreiben und sie den Freund selbst lesen lassen.

Die 45-Sekunden-Präsentation, die Ihr Leben verändern wird

F: Haben Sie jemals darüber nachgedacht, wie es wäre, „sein Leben selbst zu bestimmen"?

Ich glaube, „sein Leben selbst zu bestimmen" bedeutet folgendes –

Wenn man die Zeit abzieht, die man zum Schlafen, Pendeln, Arbeiten und für all die Dinge braucht, die man tagtäglich tun muss, bleiben den meisten Menschen nicht mehr als ein oder zwei Stunden pro Tag übrig, um das zu tun, was sie gerne tun möchten, und dann – haben sie denn überhaupt genug Geld dafür?

Wir haben einen Weg entdeckt, wie ein Mensch lernen kann, „sein Leben selbst zu bestimmen", indem er sich von zu Hause aus ein Geschäft aufbaut, und wir haben dafür ein System entwickelt, das so einfach ist, dass es jeder ausführen kann. Man braucht dabei nichts zu verkaufen, und das Beste daran ist, dass es nicht viel Zeit in Anspruch nimmt. Wenn Sie daran interessiert sind, wenden Sie sich an die Person, die Ihnen dieses Buch gegeben hat.

Außer dieser Präsentation brauchen Sie gar nichts. Ist Ihnen das erst einmal klar, können Sie Ihr Geschäft jedem Menschen vorstellen, denn jeder, wirklich jeder, kann sich ein Geschäft aufbauen, wenn er nur will. Alles, was er dazu braucht, ist ein innerer Antrieb. Denn ohne den erreicht man gar nichts.

Das Geheimnis des Systems liegt darin, nicht zu reden. Reden ist hier Ihr größter Feind. Je mehr Sie reden, desto mehr glaubt der Interessent, dass er niemals tun könnte, was Sie gerade tun. Je mehr Sie reden, umso mehr denkt er, dass er keine Zeit dafür hat. Bedenken Sie: Zeitmangel ist die beliebteste Ausrede der Leute dafür, gar nicht erst damit zu beginnen.

Nachdem Ihr Interessent *die 45-Sekunden-Präsentation* gelesen hat, hat er eventuell Fragen dazu. Egal, was er fragt - wenn Sie antworten, haben Sie schon verloren. Ehe Sie sich's versehen, hat er fünf weitere Fragen parat. Von da an werden Sie nur noch von Thema zu Thema springen! Sagen Sie einfach, dass dazu viele Fragen auftauchen werden, das System aber so angelegt ist, dass es die meisten davon beantwortet. Sorgen Sie dafür, dass die Interessenten erst einmal die ersten vier Serviettenpräsentationen lesen und sich dann wieder an Sie wenden.

Sagen Sie einem Interessenten niemals, er soll das Buch lesen. Er würde es dann nämlich in das Bücherregal stellen und erst wieder hervorholen, wenn er nicht mehr umhin kann. Schlagen Sie ihm vor, die ersten vier Serviettenpräsentationen zu lesen. Das wird er bestimmt gleich tun, und über 90% lesen das Buch dann gleich bis zum Ende durch.

Wenn der Interessent das Buch gelesen hat, wird er Network Marketing verstehen. Das ist wichtig, denn der Hauptgrund, warum die Leute das Geschäft nicht ausüben, ist, dass sie es nicht verstehen. Nun, da sie Network Marketing verstehen, sind sie bereit für Ihre Vorstellung Ihres Vehikels, also Ihrer Firma, Ihrer Produkte und Ihres Marketingplans. Aber ich sagte, Sie bräuchten nichts weiter als *die 45-Sekunden-Präsentation*. Was tun Sie jetzt?

Ab diesem Punkt setzen Sie die Hilfsmittel oder Ihr Team ein, um das Reden für Sie zu übernehmen. Hilfsmittel sind Broschüren, CDs und DVDs Ihrer Firma oder neutrale Tools. Ihr Team ist Ihre unmittelbare Upline, die mit der Person beginnt, die Ihr Sponsor sein wird.

Nehmen wir an, Sie haben Ihren ersten Interessenten! Sie haben ihm *die 45-Sekunden-Präsentation* vorgestellt, und er hat das Buch gelesen. Sie laden ihn zum Mittagessen ein. Sagen Sie ihm, dass Sie auch Ihren Sponsor einladen werden, der das Geschäft für Sie erklären wird.

(Springender Punkt: Wer zahlt nun für das Mittagessen? Natürlich Sie. Denn Ihr Sponsor arbeitet für Sie. Wie oft müssten Sie eigentlich Ihrem Sponsor ein Mittagessen oder Abendessen bezahlen, bis Sie das Geschäft allein erklären können?)

Auf einem Seminar in Deutschland kam ein Mann auf uns zu und meinte: „Nicht nur, dass man gar nichts wissen muss, man kann auch jeden Tag umsonst essen gehen, wenn man für seine Downline arbeitet."

Lassen Sie es sich schmecken, und sehen Sie dabei zu, wie Ihr Geschäft wächst!

KAPITEL 1
Einführung ins Network Marketing

NETWORK MARKETING (NWM) ist heute eine der sich am schnellsten verbreitenden und dennoch am häufigsten missverstandenen Methoden, um Produkte zu den Verbrauchern zu bringen. Vielfach wurde NWM als der Trend der 90er Jahre des letzten Jahrhunderts bezeichnet. Aber glauben Sie mir: Es steckt noch weit mehr dahinter. Im Jahr 2010 wurden Produkte und Dienstleistungen im Wert von mehr als 200 Milliarden Dollar durch NWM-Unternehmen bewegt. FREUEN SIE SICH AUF NWM im 21. Jahrhundert!

Der Zweck dieses Buches ist es, Ihnen, dem Leser, anhand von Abbildungen und Beispielen zu zeigen, was Network Marketing IST und was es NICHT IST. Wir zeigen Ihnen außerdem, wie Sie es anderen Menschen effektiv, ich wiederhole EFFEKTIV, erklären können.

Dieses Buch sollte als SCHULUNGSHANDBUCH behandelt werden. Es ist als Werkzeug gedacht, das Sie bei der Schulung der Menschen in Ihrer Organisation unterstützen wird. Fügen Sie es zu ihrem Startpaket hinzu.

Ich entwickelte die „Serviettenpräsentationen", die die Grundlagen für dieses Buch darstellen, im Jahre 1973. Ich habe seit 1969 in unterschiedlichem Ausmaß mit Network Marketing zu tun. Das Buch enthält die zehn Präsentationen, die bis jetzt entwickelt wurden.

Bevor ich näher auf die zehn „Serviettenpräsentationen" eingehe, möchte ich zunächst eine der am häufigsten gestellten Fragen beantworten, die wahrscheinlich die grundlegendste aller Fragen ist:

„Was ist NWM?" In diesem Buch verwenden wir abwechselnd die Ausdrücke „NWM" und „Network Marketing". Sie sind austauschbar.

Lassen Sie uns den Begriff aufschlüsseln. Marketing bedeutet einfach nur, ein Produkt oder eine Dienstleistung vom Hersteller oder Lieferanten zum Konsumenten zu bewegen. Network bezieht sich auf den gesellschaftlichen Einflusskreis einer Person. Der Begriff bezieht sich auch auf die „Network"-Organisation, die Sie aufbauen, während Sie diese Art von Geschäft ausüben. Beim Network Marketing bezahlt Sie die Lieferantenfirma dafür, dass Sie deren Produkte in Ihrem Einflussbereich vermarkten, während sie Ihnen gleichzeitig dabei hilft, ein auf dasselbe Ziel ausgerichtetes Netzwerk von Geschäftsinhabern aufzubauen. Network Marketing ist in den allgemeinen Sprachgebrauch der Wirtschaftswelt eingegangen. Die Bezeichnung ist mittlerweile so bekannt, dass sich leider auch viele illegale Pyramiden- und Kettenverteilungs-Systeme oder Kettenbriefe als Multi-Level-Programme auszugeben versuchen. Wenn auch unberechtigt, so hat das doch zu einem so negativen Brandmal geführt, dass viele neuere NWM-Unternehmen es vorziehen, andere Bezeichnungen für ihre Art des Marketings zu verwenden. Einige der Namen, die Sie hören werden, sind beispielsweise „NETWORK MARKETING", „Unabhängiges Vertriebspartner-Marketing" und „Freund-zu-Freund-Marketing".

Im Grunde gibt es nur drei Vorgehensweisen, um ein Produkt zu bewegen. (Halten Sie drei Finger hoch, wenn Sie diesen Punkt demonstrieren.)

1) EINZELHANDEL - Den Einzelhandel kennt jeder - der Lebensmittel-laden, die Drogerie und das Kaufhaus. Wenn man in ein Geschäft geht und etwas kauft, dann bezeichnet man das als Einzelhandel.

2) DIREKTVERTRIEB - So werden (allerdings nicht immer) Versiche-rungen, Kochgeschirr, Enzyklopädien und ähnliche Produkte vertrieben. Fuller Brush, die Avon-Beraterin und Tupper-Partys sind einige Beispiele für Direktvertriebsunternehmen.

3) NETWORK MARKETING - NWM ist das, womit wir uns in diesem Buch beschäftigen. Es sollte nicht mit den zwei anderen Vertriebswegen verwechselt werden, insbesondere nicht, wie es leider häufig geschieht, mit dem Direktvertrieb.

Ein vierter Marketingweg, den man noch zur Liste hinzufügen könnte (halten Sie den vierten Finger hoch), ist der VERSANDHANDEL. Dieser kann auf NWM basieren, wird jedoch häufiger dem Direktvertrieb zugeordnet.

Eine fünfte Art, die auch oft mit NWM verwechselt wird, ist das Pyramiden-system. Tatsache ist, dass PYRAMIDEN ILLEGAL sind! Einer der Hauptgrün-de hierfür ist ihr Unvermögen, ein Produkt zu bewegen oder eine anerkannte Dienstleistung zu liefern. Wenn kein Produkt bewegt wird, wie kann man das dann überhaupt „Marketing", geschweige denn „Network Marketing" nennen! Ein Netzwerk mag es vielleicht sein, aber es ist KEINESFALLS MARKETING!!!

Die meisten Einwände, die Leute gegen einen Einstieg ins Network Marketing haben, beruhen darauf, dass sie die Unterschiede zwischen NWM und Direkt-vertrieb nicht erkennen. Diese Verwirrung ist verständlich, da die meisten ange-sehenen NWM-Unternehmen dem Direktvertriebs-Verband angehören.

Vielleicht halten sie NWM sogar für ein Haustürverkaufsgeschäft, weil ihr erster Kontakt darin bestand, dass ein Vertreter bei ihnen an der Haustür klingelte, um ihnen etwas zu verkaufen.

Es gibt einige Merkmale, die NWM von Einzelhandels- und Direktvertriebsfirmen unterscheiden. Ein sehr wesentliches Merkmal ist, dass Sie im NWM zwar Ihr eigener Chef sind, ABER NICHT ALLEIN arbeiten.

Wenn Sie ein eigenes Unternehmen haben und insbesondere wenn Sie es von zu Hause aus betreiben, könnten Sie auf einige erhebliche STEUERVERGÜNSTIGUNGEN Anspruch haben. Wir gehen in diesem Buch nicht auf die STEUERVORTEILE ein. Informationen hierzu erteilen Steuerberater oder die vielen Bücher, die zu diesem Thema geschrieben wurden.

Sobald Sie Ihr eigenes Geschäft haben, kaufen Sie die Produkte zu Großhandelspreisen von der Firma, die Sie repräsentieren. Das bedeutet, dass Sie diese Sachen für den eigenen Bedarf nutzen können (und auch sollten). Viele Menschen schreiben sich anfangs nur deshalb bei einem Unternehmen ein, um zu Großhandelspreisen einkaufen zu können. Und viele von ihnen machen später „ernst".

Da Sie Ihre Produkte im GROSSHANDEL einkaufen, können Sie, wenn Sie wollten, diese Produkte im EINZELHANDEL weiterverkaufen und dabei einen GEWINN erzielen. Das häufigste Missverständnis über NWM beruht auf der Meinung, dass man im Einzelhandel verkaufen MUSS, um erfolgreich zu sein. Es gibt zwar viel, was für den Weiterverkauf spricht und das darf auch nicht unbeachtet bleiben. Manche Programme erfordern sogar das Erreichen einer gewissen Absatzquote, um Anspruch auf eine Vergütung zu haben. Sie dürfen verkaufen, wenn Sie es wollen oder aufgrund der Anforderungen des Marketingplans müssen. Aber hinsichtlich der größeren Einkommensbeträge liegt der wahre Erfolg im Aufbau einer Organisation.

EIN WICHTIGER PUNKT: Lassen Sie den Verkauf als natürliches Ergebnis des Organisationsaufbaus mit einfließen. Viele Leute scheitern, statt erfolgreich zu sein, weil sie es genau andersherum machen. Sie versuchen, die Organisation aufzubauen, indem Sie den Verkauf betonen. Wenn Sie die Serviettenpräsentationen lesen, werden Sie dieses Konzept richtig verstehen lernen.

Das Wort „verkaufen" löst bei etwa 95 Prozent der Menschen negative Assoziationen aus. Bei NWM brauchen Sie die Produkte aber nicht im herkömmlichen Sinne des Wortes zu „verkaufen". Allerdings MÜSSEN PRODUKTE BEWEGT WERDEN, sonst kann keiner etwas verdienen. Manche definieren „verkaufen" als „Fremde ansprechen und ihnen etwas anzudrehen zu versuchen, das sie weder brauchen noch wollen". Deshalb nochmals zur Erinnerung: PRODUKTE MÜSSEN BEWEGT WERDEN, SONST KANN KEINER ETWAS VERDIENEN!

NWM ist eine Abkürzung für Network Marketing. Wenn Sie eine Organisation aufbauen, bauen Sie eigentlich ein Netzwerk (Network) auf, durch das Sie Ihre Produkte leiten können. Der Einzelhandel ist die Basis des Network Marketings. Der Verkauf beim NWM oder Network Marketing erfolgt durch Vertriebspartner, die ihre Produkte an Freunde, Nachbarn und Verwandte VERTEILEN. Sie müssen niemals Fremde ansprechen.

Um ein GROSSES ERFOLGREICHES GESCHÄFT aufzubauen, müssen Ihre Aktivitäten im Gleichgewicht sein: Sie müssen sponsern und Ihr Wissen über NWM weitergeben, während Sie sich gleichzeitig einen Kundenstamm aufbauen, indem Sie Produkte an Freunde, Nachbarn und Verwandte verkaufen.

Versuchen Sie nicht, riesige Produktmengen allein umzusetzen. Denken Sie daran, dass es bei Network Marketing oder NWM darum geht, eine Organisation aufzubauen, in der viele Vertriebspartner jeweils ein wenig verkaufen. Das ist weitaus besser, als wenn einige wenige versuchen, alles selbst zu tun.

Bei praktisch allen Network-Marketing-Unternehmen besteht keine Notwendigkeit, große Summen für Werbung auszugeben. Werbung vollzieht sich fast ausschließlich über Mundpropaganda. Daher haben die Network-Marketing-Unternehmen mehr Geld für Produktentwicklung zur Verfügung und ihre Produkte sind demzufolge qualitativ hochwertiger als ihre Gegenstücke, die man in Einzelhandelsgeschäften findet. Sie können also einen Freund an einem qualitativ hochwertigen Produkt teilhaben lassen, das er vielleicht in ähnlicher Form bereits verwendet. Sie ersetzen dann einfach die alte Marke durch ein Produkt, das Sie aus eigener Erfahrung für besser halten.

Sie sehen also, dass es sich nicht um Haustürverkauf handelt, bei dem man jeden Tag fremde Menschen anspricht. Alle mir bekannten Network- oder NWM-Systeme lehren, dass man einfach Freunde an der Qualität der Produkte oder Dienstleistungen TEILHABEN lässt - darin besteht das ganze „Verkaufen". (Ich bezeichne es auch lieber als „teilhaben lassen", weil es einfach zutreffend ist!)

Ein anderes Merkmal, das NWM vom Direktvertrieb unterscheidet, ist das SPONSERN von weiteren Vertriebspartnern. Im Direktvertrieb und sogar bei einigen NWM-Unternehmen wird es REKRUTIEREN genannt. Doch „sponsern" und „rekrutieren" ist keinesfalls das Gleiche. Sie SPONSERN jemanden und LEHREN ihn dann, das zu tun, was Sie tun - ein EIGENES GESCHÄFT aufzubauen.

Ich betone: Es besteht ein großer Unterschied zwischen dem Sponsern einer Person und darin, sie einfach nur „einzuschreiben". Wenn man jemanden sponsert, dann gehen Sie diesem Menschen gegenüber eine VERPFLICHTUNG ein. Wenn Sie diese Verpflichtung nicht eingehen wollen, dann erweisen Sie dem neuen Berater durch das Einschreiben einen schlechten Dienst.

Sie müssen also WILLENS sein, diesem Menschen dabei zu helfen, sich ein eigenes Geschäft aufzubauen. Dieses Buch ist ein unschätzbares Werkzeug, das Ihnen zeigt, wie man genau das tut.

Der Sponsor hat die VERANTWORTUNG, diejenigen, die er ins Geschäft bringt, all das zu lehren, was er über dieses Geschäft weiß. Dazu gehören Dinge wie die Produktbestellung, die Buchführung, wie man anfängt, wie man eine Organisation aufbaut und schult, usw. Dieses Buch wird Sie die ganze Zeit begleiten, bis Sie IN DER LAGE SIND, dieser Verantwortung gerecht zu werden. SPONSERN bewirkt das Wachstum in einem NWM-Geschäft. Wenn Ihre Organisation wächst, dann arbeiten Sie darauf hin, ein UNABHÄNGIGER, ERFOLGREICHER Geschäftsinhaber zu werden. Sie sind Ihr EIGENER CHEF!

Bei Direktvertriebsfirmen arbeiten Sie für die Firma. Wenn Sie die Firma verlassen oder wenn Sie umziehen, müssen Sie wieder von vorn anfangen. Bei fast allen NWM-Programmen, die ich kenne, können Sie in eine andere Gegend des Landes ziehen und weiterhin Leute sponsern, ohne den Umsatz zu verlieren, der durch Ihre bisherige Organisation entsteht.

Sie können mit Network Marketing viel Geld verdienen. Bei manchen Firmen dauert es etwas länger als bei anderen, aber man verdient Geld durch den Aufbau einer Organisation und nicht bloß durch den Verkauf des Produkts. Sicherlich kann man bei einigen Firmen allein durch den Verkauf des Produkts gut seinen Lebensunterhalt bestreiten – aber wenn Sie sich auf den Aufbau einer Organisation konzentrieren, können Sie ein VERMÖGEN verdienen.

Manche Leute beginnen ein Network-Marketing-Geschäft mit der Vorstellung, 50, 100 oder gar 200 Euro im Monat zu verdienen. Dann erkennen Sie plötzlich, dass sie 1.000 oder 2.000 Euro im Monat und mehr verdienen können, wenn sie sich ernsthaft auf das Geschäft konzentrieren. Nochmals: Denken Sie daran, dass sich diese höheren Summen nicht allein durch den Verkauf des Produkts verdienen lassen, sondern dass dafür der Aufbau einer Organisation notwendig ist.

UND DAS IST DER ZWECK DIESES BUCHES: Ihnen alles beizubringen, was Sie wissen müssen, um eine Organisation aufzubauen, und zwar SCHNELL. Dazu gehört, dass Sie die richtige Einstellung gegenüber NWM entwickeln und vermitteln. Wenn jemand Network Marketing für illegal hält und es mit einer Pyramide vergleicht (und dieser Vergleich wird leider oft gezogen), dann wird es schwierig für Sie sein, diese Person zu sponsern.

Sie müssen die Fakten vermitteln, um zu verhindern, dass eine echte Network-Marketing-Organisation mit einer Pyramide verwechselt wird. Ein Beispiel, das Sie zur Demonstration verwenden können, findet sich hier. Die Pyramide wird von der Spitze nach unten aufgebaut, und nur die, die von Anfang an dabei sind, können jemals oben stehen.

Im NWM-Dreieck fängt jeder von unten an und hat die Möglichkeit, eine große Organisation aufzubauen.

Ein Neueinsteiger kann eine weitaus größere Organisation aufbauen als sein Sponsor, wenn er es will.

Das Hauptziel ist also, Ihren Interessenten zu einem allgemeinen Gespräch über NWM zu bewegen und ihm mit Ihren drei Fingern die Unterschiede zwischen Einzelhandel, Direktvertrieb und Network Marketing aufzuzeigen. Damit schaffen Sie gute Voraussetzungen, diese Person für Ihre eigene Organisation zu sponsern.

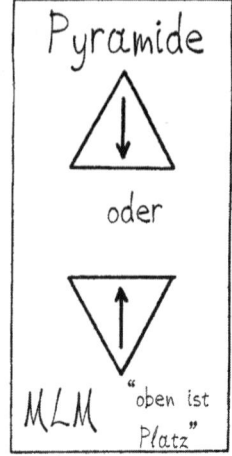

Wie ich bereits verwähnte, hat NWM bis 2010 mehr als 200 Milliarden Dollar jährlich umgesetzt. Das ist ein enormes Geschäft!

Die meisten Menschen haben keine Ahnung, was für ein großes Potential Network Marekting birgt! Network Marketing gibt es bereits seit mehr als 50 Jahren. Einige Unternehmen existieren schon seit über 45 Jahren und setzen jährlich Milliarden von Dollar um.

Ich kenne eine Firma, die in ihrem ersten Jahr über 6,5 Millionen Dollar umsetzte. Im zweiten Jahr waren es schon über 62 MILLIONEN. Für ihr drittes Jahr rechnet die Firma mit 122 MILLIONEN. Sie ist auf dem besten Weg, bis zu ihrem zehnten Jahr einen Jahresumsatz von EINER MILLIARDE zu erreichen. Die Prinzipien, die in diesem Buch erklärt werden, machen dieses Ziel erreichbar und bieten einen ziemlich schnellen Start für jedermann!

NETWORK MARKETING ist für einen Erfinder oder Hersteller ein realistischer Weg, ein neues Produkt auf den Markt zu bringen, ohne dafür Millionenbeträge einzusetzen oder sein Produkt vollständig jemandem anderen überlassen zu müssen.

NOTIZEN

KAPITEL 2
Serviettenpräsentation Nr. 1
Zwei mal zwei ist vier

DIES hier können Sie jemandem schon zeigen, bevor er alles andere kennen-
lernt. Wenn Sie das Geschäft jedoch bereits eingeführt haben, ist es ein absolutes MUSS, diese Präsentation so schnell wie möglich nachzureichen. Schließlich
wollen Sie doch, dass das Denken Ihrer Neueinsteiger vom ersten
Tag an in die richtige Richtung geht. Diese Präsentation nimmt
den Druck weg, der von dem Gedankenansatz kommt, dass man
hinausgehen und „die ganze Welt sponsern" muss, um viel Geld
im NWM zu verdienen.

$$\begin{array}{r} 2 \\ \times 2 \\ \hline 4 \\ \times 2 \\ \hline 8 \\ \times 2 \\ \hline 16 \end{array}$$

Diese Präsentation zeigt Einsteigern außerdem, wie wichtig es ist,
mit ihren Neueinsteigern zu arbeiten und ihnen beim Start zu helfen.

Diese Präsentation beginnt damit, dass Sie „2 x 2 = 4" aufschreiben
und weiter multiplizieren wie in der Abbildung rechts gezeigt wird.

Ich sage an dieser Stelle den Leuten in einem spaßigen Tonfall,
wenn jemand nicht einmal das hier tun kann – LASST IHN
GEHEN – denn sie würden Schwierigkeiten haben, mit ihm zu
arbeiten.

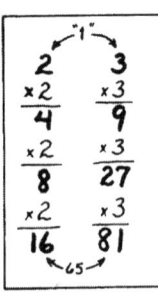

Beachten Sie: Wir fangen nun an, das Wort „sponsern" zu benutzen. Schreiben Sie rechts von der 2 x 2-Säule 3 x 3 auf und sagen Sie: „Hier drüben sponserst du 3 Leute und bringst diesen 3 bei (wir beginnen jetzt auch, das Wort „beibringen" oder „schulen" zu verwenden), ihrerseits auch 3 zu sponsern, womit du 9 weitere dazubekommst. Dann bringst du deinen 3 Leuten bei, den 9 das Sponsern beizubringen, und damit hast du 27. Eine Ebene weiter nach unten hast du 81. Beachte den Unterschied zwischen 16 und 81!"

Weisen Sie Ihre Geschäftspartner darauf ausdrücklich hin und fragen Sie nach, ob sie auch der Meinung sind, dass das ein ziemlich deutlicher Unterschied ist. Dann weisen Sie darauf hin, dass der WIRKLICHE UNTERSCHIED EINS ist! Jeder hat nur EINE PERSON MEHR gesponsert! Sie werden normalerweise einige Reaktionen darauf bekommen, aber machen Sie gleich weiter – denn es kommt noch besser.

„Nehmen wir an, du sponserst vier Leute für das Geschäft." Schreiben Sie rechts von der 3 x 3-Säule eine weitere Säule von Zahlen von oben nach unten, während Sie weitersprechen.

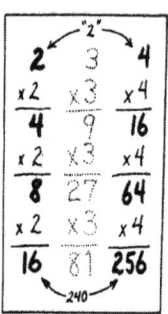

„Schau mal, was passiert, wenn jeder nur ZWEI PERSONEN MEHR sponsert." Während Sie weiterschreiben, sagen Sie: „Du sponserst 4 und bringst diesen bei, auch jeweils 4 zu sponsern. Dann hilfst du deinen 4, den 16 beizubringen, auch jeweils 4 zu sponsern, und damit addierst du 64 zu deiner Gruppe. Arbeitest du dich nur eine Stufe weiter nach unten, dann hat deine Gruppe im Handumdrehen 265 Personen mehr."

Und Sie weisen wieder darauf hin, dass „es jetzt ein erheblicher Unterschied ist, aber der …"

Sie werden erneut Reaktionen erhalten, da Ihre Zuhörer nun anfangen, das Konzept zu begreifen, und sie werden Sie vielleicht unterbrechen und von sich aus sagen: „Der einzige WIRKLICHE UNTERSCHIED ist, dass jeder ZWEI PERSONEN MEHR gesponsert hat!"

Wir beenden das mit 5. Bis dahin werden Ihre Neueinsteiger es normalerweise begriffen haben und sie werden Ihnen geistig und verbal folgen können, wenn Sie die letzte Zahlensäule aufschreiben. An dieser Stelle können Sie auch die Worte „sponsern" und „beibringen" weglassen, wenn Sie die Zahlen niederschreiben. Kommentieren Sie einfach: „5 mal 5 ist 25, mal 5 ist 125, mal 5 ist 625. Nun, ist das nicht ein FANTASTISCHER UNTERSCHIED!" Doch der einzige WIRKLICHE UNTERSCHIED liegt darin, dass jeder nur DREI mehr gesponsert hat.

Die meisten Menschen können sich mit dem Gedanken anfreunden, ein, zwei oder drei Personen zu sponsern, finden es aber normalerweise schwierig, eine Beziehung zu den Zahlen unterm Strich (16, 81, 256 und 625) herzustellen.

Stellen Sie sich daher bei der letzten Säule als derjenige vor, der die Zeit gehabt hat, fünf ernsthaft interessierte Personen für das Programm zu sponsern. Die „5" oben auf der Säule steht für die Personen, die Sie persönlich gesponsert haben und die es ERNST damit meinen, ihr eigenes Geschäft aufzubauen. Sie müssen eventuell 10, 15 oder 20 Leute sponsern, um diese 5 zu finden.

Wenn Sie erst einmal alle zehn SERVIETTENPRÄSENTATIONEN vollkommen begriffen haben, werden Sie feststellen, dass Ihre Leute die ganze Sache erheblich SCHNELLER ernst nehmen werden als Leute, die in die Organisationen kommen, in denen dieses Material unbekannt ist. Dieses Buch wird Sie lehren, mit Ihren Leuten so zu arbeiten, dass sie erheblich SCHNELLER „ernst machen".

Beachten Sie bei der 5er-Zahlenreihe rechts, dass wenn Sie 5 gesponsert haben, die ebenfalls 5 gesponsert haben und so weiter, all diese Zahlen zu addieren sind. Sie haben somit 780 ernsthaft interessierte Leute in Ihrer Organisation. Das hilft Ihnen, diese Frage zu beantworten: „Ja, muss nicht irgend jemand das Produkt verkaufen?" Sie haben diese Frage bestimmt schon gehört, sogar bevor Sie selbst überhaupt aktiv geworden sind. Gehen Sie diese SERVIETTENPRÄSENTATION einfach mit Ihren Leuten durch und erklären Sie: 2 mal 2 ist 4 ... hoch bis zu 780 Vertriebspartnern.

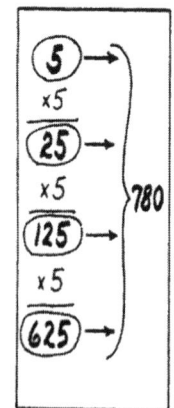

Für JEDE Network-Marketing-Organisation gilt: Wenn Sie 780 Leute haben, die das Produkt selbst NUTZEN, werden Sie einen enormen Umsatz machen. (Und wir haben noch nicht einmal diejenigen einberechnet, die nicht ernsthaft am Geschäft interessiert, sondern nur reine Produktkäufer sind).

Wenn nun jede dieser Personen 2, 3, 4 oder 5 Freunde hat ... und jeder unter seinen Freunden, Verwandten und Bekannten 10 Kunden findet, macht das 7.800 Kunden! Addieren Sie diese zu den 780 Vertriebspartnern Ihrer Organisation hinzu - glauben Sie nicht auch, dass 8.580 Kunden plus die Produktkäufer Ihnen ein profitables Geschäft einbringen? So kann man in jedem Geschäft viel Geld verdienen - mit vielen Menschen, die alle ein kleines Bisschen tun. Bedenken Sie bei all dem: Sie selbst arbeiten nur mit FÜNF ERNSTHAFT INTERESSIERTEN LEUTEN zusammen und nicht mit einer ganzen Armee!

Wir laufen ständig Networkern von anderen wie auch von unseren eigenen NWM-Unternehmen über den Weg, die erstaunt sind, wie SCHNELL die Organisationen gewachsen sind, die wir selbst aufgebaut haben. Sie sind länger dabei als wir, zerbrechen sich den Kopf und fragen uns: „Was tut ihr, was ich nicht tue?"

Wir entgegnen darauf: „Mit wie vielen Leuten in deiner FRONTLINE arbeitest du zusammen?" (Die Frontline besteht aus denjenigen Vertriebspartnern, die Sie persönlich gesponsert haben. Sie wird auch „erste Ebene" genannt.)

Ich höre normalerweise irgendwelche Zahlen von 25 bis 50 und mehr. Ich kenne Networker, die über 100 Personen in ihrer Frontline haben, und ich garantiere Ihnen, dass Sie alle diese Leute innerhalb von sechs Monaten hinter sich lassen werden, wenn Sie erst einmal die Prinzipien dieses Buches verstanden haben, auch wenn sie schon seit sechs oder acht Jahren in Ihrer Organisation sein mögen. Bevor wir zur Serviettenpräsentation Nr. 2 übergehen, die sich mit dem „Verkäufer-Misserfolgs-Syndrom" im Network Marketing beschäftigt, möchte ich Ihnen an einem Vergleich aufzeigen, warum es nicht gut ist, so viele Leute in der Frontline zu haben.

Sehen Sie sich die ARMEE, die MARINE, die LUFTWAFFE, die MARINE-INFANTERIE oder die KÜSTENWACHE an. Vom einfachen Soldaten bis hin zum höchsten Tier im Verteidigungsministerium sind niemandem mehr als fünf oder sechs Leute zur DIREKTEN Betreuung unterstellt. (Es mag einige seltene Ausnahmen geben.) Denken Sie mal darüber nach! Es gibt bei uns in den USA Militärstandorte wie West Point und Annapolis, wo man über mehr als 200 Jahre Erfahrung verfügt, und dennoch vertritt man dort die Meinung, dass niemand mehr als fünf oder sechs Personen betreuen sollte. Also erklären Sie mir bitte, wieso Menschen bei einem NWM-Unternehmen einsteigen und glauben, effektiv mit 50 Leuten in ihrer Frontline arbeiten zu können. Sie KÖNNEN ES NICHT! Deshalb scheitern viele von ihnen, und Sie werden auch gleich erfahren, warum.

Sie sollten nicht mit mehr als 5 ernsthaft interessierten Personen zur gleichen Zeit arbeiten. Stellen Sie jedoch sicher, dass Sie gleich, nachdem Sie sie gesponsert haben, beginnen „in die Tiefe zu arbeiten", ihre Gruppe also weiter nach unten hin ausbauen. Es wird ein Punkt kommen, an dem diese Menschen Sie nicht mehr brauchen und wegbrechen, um auf eigene Faust eine weitere Linie aufzubauen. Das gibt Ihnen den Freiraum, um sich wieder auf eine andere ernsthaft interessierte Person zu konzentrieren, wobei Sie die Zahl derer, mit denen Sie eng zusammenarbeiten, bei etwa fünf belassen. Manche Programme erlauben es Ihnen, mit nur 3 oder 4 Leuten effektiv zu sein, aber ich kenne keinen, der mit mehr als 5 einen effektiven Organisationsaufbau zulässt.

Diese SERVIETTENPRÄSENTATIONEN sind miteinander verflochten, deshalb werden sich einige Fragen, die Sie an dieser Stelle eventuell haben, beim Weiterlesen des Buches klären.

NOTIZEN

NOTIZEN

KAPITEL 3
Serviettenpräsentation Nr. 2
Das Verkäufer-Misserfolgs-Syndrom

WARUM scheitern so viele Verkäufer, wenn sie sich im Network Marketing versuchen? Diese zweite Präsentation zeigt die häufigsten Fehler auf, die verkaufsorientierte Profis machen.

Lassen Sie mich erklären, warum wir lieber zehn Lehrer statt zehn Verkäufer sponsern würden. VERSTEHEN SIE MICH jetzt NICHT FALSCH. Ich denke, dass professionelle Verkäufer ein enormer Gewinn für Ihre Organisation sein können, vorausgesetzt, sie gehen wie alle anderen die 10 Serviettenpräsentationen durch und begreifen sie auch vollständig.

Die meisten Menschen sind verwirrt, wenn sie die obige Aussage hören, aber denken Sie daran, dass NWM eine METHODE des Marketing ist. Wir sponsern die Leute NICHT in eine Direktvertriebs-Organisation. Wir sponsern sie in ein Network-Marketing-Programm.

Das Problem, das Sie mit einem Verkäufer haben werden, sieht meistens folgendermaßen aus: Wenn er die hohe Qualität der Produkte sieht, die Sie vertreten, wird er sozusagen einfach aufbrechen und loslegen. Er kann seine eigene Präsentation zusammenstellen und braucht uns nicht, um ihm zu erklären, wie man so etwas verkauft; er ist der Profi. Wir wollen ihm aber gar nicht erklären, wie man verkauft. Wir wollen ihm nur beibringen, wie man andere SPONSERT und LEHRT und wie man eine große, erfolgreiche NWM-Organisation aufbaut. Und das kann er, wie jeder andere auch, tun, OHNE JEMALS ETWAS im herkömmlichen Sinne des Wortes ZU VERKAUFEN.

Wenn Sie sich mit jemandem nicht einmal hinsetzen können, um ihm einige einfache Dinge über Network Marketing zu erklären und klarzustellen, inwieweit es sich vom Direktverkauf unterscheidet, dann werden diese Leute oft in die falsche Richtung stürmen. Im Verlauf der weiteren Serviettenpräsentationen werde ich Ihnen dazu einige Beispiele geben.

Die meisten Leute (vor allem Verkäufer) glauben: Wenn sie jemand sponsern, haben sie ihre Arbeitskraft dupliziert. (Zeichnen Sie zwei Kreise untereinander.) Da war einer, und nun sind da zwei. Das klingt logisch, aber es STIMMT NICHT.

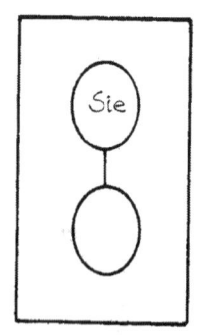

Der Grund, warum das nicht stimmt: Wenn derjenige weggeht, der den oberen Kreis darstellt (Sponsor), geht derjenige, der gesponsert wurde, ebenfalls. Er macht nicht weiter. Sie müssen Ihren Interessenten erklären, dass sie mindestens DREI EBENEN TIEF gehen müssen, wenn sie sich wirklich DUPLIZIEREN wollen.

Wenn Ihr Sponsor aussteigt, bevor Sie die Gelegenheit hatten festzustellen, ob das Programm wirklich funktioniert, werden Sie sehr wahrscheinlich davon ausgehen, dass es nicht funktioniert, weil er damit nicht erfolgreich war. Schließlich ist er Ihr Sponsor und weiß bestimmt mehr darüber als Sie.

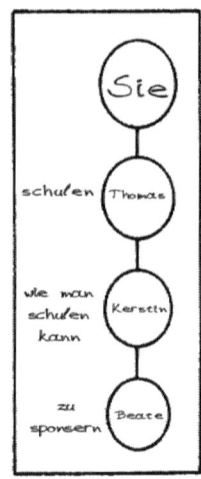

Nehmen wir an, Sie sind hier. (Zeichnen Sie einen Kreis und schreiben Sie ein „Sie" hinein.) Sie sponsern Thomas. (Zeichnen Sie einen weiteren Kreis unter den mit „Sie", schreiben Sie „Thomas" hinein und verbinden die Kreise mit einer Linie.) Wenn Sie jetzt gehen und Thomas weiß nicht, was er tun soll (weil Sie ihm nichts beigebracht haben), dann ist die Sache zu Ende. Wenn Sie Thomas aber SCHULEN, wie man sponsert, und er sponsert Kerstin, FANGEN SIE GERADE AN, sich zu duplizieren.

Wenn Thomas jedoch nicht lernt, Kerstin darin zu schulen, wie man sponsert, wird die Sache ebenfalls im Sande verlaufen. Sie müssen Thomas schulen, WIE er Kerstin SCHULT zu sponsern. Dann kann sie Beate oder wen auch immer sponsern.

Jetzt sind Sie DREI EBENEN TIEF. Wenn Sie weggehen (weil Sie umziehen oder um mit jemand anderem zu arbeiten), wird diese Untergruppe weiter bestehen. Ich betone: SIE MÜSSEN DREI EBENEN NACH UNTEN AUFBAUEN! Sie haben nichts, bis Sie drei Ebenen nach unten geschaffen haben, nur dann haben Sie sich DUPLIZIERT.

Wenn Sie den Leuten, die Sie sponsern, nichts weiter klarmachen außer diesem einen Punkt, dann sind Sie dem Erfolg schon viel näher als die meisten anderen Leute in Network-Marketing-Programmen.

Beim Verkäufer läuft das dagegen so ab: Er sieht sich die Produkt-Demonstrationen an, hört oder liest die Aussagen von Nutzern, welche Ergebnisse sie mit den Produkten erzielt haben und wie sie funktionieren. Bewaffnet mit diesen Informationen wird er Sie aus seinem Weg schieben und er wird losstürmen und wie verrückt verkaufen. Vergessen Sie nicht, dass er schließlich ein VERKÄUFER ist! Er hat Erfahrung im Direktverkauf und hat keine Hemmungen davor, Fremde anzusprechen.

Ist doch super! Also sagen Sie zu Ihrem Super-Verkäufer (nennen wir ihn Charlie): „Charlie, wenn du das GROSSE GELD verdienen willst, dann kannst du das nicht allein tun. Du musst andere sponsern."

Und was macht Charlie? Er geht raus und sponsert und sponsert und sponsert ... Er sponsert wie ein Weltmeister. Ein guter „Verkäufer" in einem Network-Marketing-Programm kann durchaus drei oder vier neue Leute pro Woche sponsern.

Doch dann passiert folgendes: Es kommt zu einem Punkt (und das dauert nicht lange), an dem die Einsteiger so schnell wieder aussteigen, wie sie hinzugefügt werden. Wenn Sie mit ihnen nicht EFFEKTIV arbeiten (und das können Sie nicht, wenn Sie versuchen, mit mehr als fünf gleichzeitig zu arbeiten), dann können Sie zusehen, wie schnell sich Ihre Neueinsteiger entmutigen lassen und aufgeben.

Charlie, der nun auch entmutigt ist und ein bisschen ungeduldig wird, findet, dass die Sache einfach nicht vorankommt, und er macht sich auf, um sich nach etwas anderem umzuschauen, was er verkaufen könnte. Charlies Sponsor, der dachte, Charlie würde ihn reich machen, wird nun ebenfalls entmutigt aufgeben.

Die meisten Menschen, die im NWM groß herausgekommen sind, hatten keine Verkaufserfahrung. Auch wenn nicht alle vom Beruf her LEHRER waren, hatten die meisten von ihnen doch einen Hintergrund, der ein Element des Lehrens enthielt. Ich kenne einen Lehrer und Schuldirektor, der nach nur 24 Monaten in einem NWM-Unternehmen über 15.000 DOLLAR PRO MONAT verdiente. Er tat das und tut das nach wie vor, indem er ANDEREN BEIBRINGT, dasselbe zu tun wie er.

Schreiben wir ein paar Zahlen in Charlies Ansatz, so dass wir klarer sehen, woran er gescheitert ist. Nehmen wir an, dass Charlie, als der Super-Verkäufer, der er nun mal ist, hinausging und 130 Leute sponserte. Nehmen wir weiter an, dass er jeden von diesen dazu brachte, åfünf weitere zu sponsern, wodurch sie 650 weitere Leute zu seiner Organisation hinzufügten. Das ergibt insgesamt 780. (Hört sich das bekannt an?)

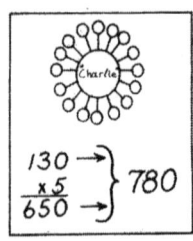

Stellen Sie Ihren neuen Leuten folgende Frage, wenn Sie ihnen dies zeigen: „Was meinen Sie, könnten Sie schneller: Fünf ernsthaft interessierte Personen sponsern und IHNEN BEIBRINGEN, WIE MAN ANDEREN ALLES BEIBRINGT oder ...?"

Meistens kommt in diesem Zusammenhang die Frage auf: „Was genau bringe ich ihnen bei?" Die Antwort ist: „Sie bringen ihnen das bei, was Sie gerade hier aus diesem Buch lernen, die zehn SERVIETTENPRÄSENTATIONEN. Sie müssen alle zehn Präsentationen verstehen, aber für den Anfang genügen auch die ersten vier."

Bringen Sie ihnen bei, dass 2 mal 2 vier ist, und warum Menschen scheitern. Wie lang meinen Sie, bräuchten Sie, um 130 Leute zu sponsern? Wie viele von den Ersten wären schon wieder weg, wenn Sie bei Nummer 130 angelangt wären? Sie werden feststellen, dass Sie die Leute ziemlich schnell verlieren würden. Andererseits werden Sie entdecken, dass die Verbleibquote bei den 780 aus der Serviettenpräsentation Nr. 1 ziemlich hoch ist.

Wenn Sie das einem Verkäufer zeigen und er es versteht, wird er sagen: „Aha! Nun sehe ich, was ich tun muss" - und er wird es tun.

ACHTUNG: Sie müssen solche Leute zurückhalten. Wenn so jemand nicht versteht, was wir in diesem Kapitel durchgenommen haben, wird er seine Neueinsteiger buchstäblich aus dem Geschäft herausloben! Er sponsert jemanden, und der neue Vertriebspartner kommt an und sagt: „Hurra, ich habe letzte Woche fünf neue Leute gefunden!" Der Sponsor sagt: „Super!" und klopft ihm anerkennend auf die Schulter. In der nächsten Woche schreibt der Neue fünf weitere Leute ein. Was ist aus den fünf der ersten Woche geworden? Sie sind schon wieder weg.

Wenn Sie dieses „Verkäufer-Misserfolgs-Syndrom" verstehen, können Sie Ihre Neuen trotzdem ermutigen, doch betonen Sie immer im selben Atemzug, wie WICHTIG es ist, den ersten fünf Gesponserten BEIM START ZU HELFEN. Nachdem ich jemand gesponsert habe, ist es für mich wichtiger, dieser Person ZU HELFEN, jemand anderen zu sponsern, als selbst eine weitere Person zu sponsern. Ich kann diesen Punkt nicht stark genug betonen. Ich werde auch in den anderen Präsentationen immer wieder darauf zurückkommen.

Von den zehn Serviettenpräsentationen sind die ersten vier ein wirkliches MUSS. Wenn Sie keine Zeit für alle haben, beginnen Sie wenigstens mit Nr. 1 und Nr. 2 (Kapitel 2 und 3). Je nachdem, wie ausführlich Sie die Inhalte erklären, können Sie diese beiden Präsentationen in fünf bis zehn Minuten zeigen, sobald Sie sie eingeübt haben.

Bei einem der Programme, an denen ich mitgemacht habe, sponserte ich einen Typ namens Carl. Carl erzählte mir, er wollte seine Tochter in Tennessee sponsern, denn sie würde jeden in der Stadt kennen. Ich sprach mit Carl am Telefon und sagte zu ihm, dass das super sei. Ich sagte jedoch schnell, dass ich ihm noch etwas sagen müsste, was er an seine Tochter weitergeben sollte. Ich bat ihn, ein Blatt Papier und einen Stift zur Hand zu nehmen (was er tat), und ließ ihn aufschreiben: 2 x 2 = 4 und die ganze Reihe durch. Dann sagte ich ihm, er solle seine Tochter anrufen und sie über die Fehler informieren, die man vermeiden muss, damit man von Anfang an die richtige Richtung einschlägt. Er rief sie an, und bis heute läuft die Sache für beide gut.

NOTIZEN

NOTIZEN

KAPITEL 4
Serviettenpräsentation Nr. 3
„Vier Dinge, die Sie tun müssen"

IN DER ERSTEN PRÄSENTATION erläuterten wir Ihnen einige der Dinge, die man TUN MUSS. In der zweiten Präsentation erläuterten wir Ihnen einige der Dinge, die man NICHT TUN DARF, soweit es um das Arbeiten in die Tiefe Ihrer Organisation geht. In dieser Servietten-Präsentation zeigen wir Ihnen vier Dinge, die Sie TUN MÜSSEN, um in einem NWM-Programm erfolgreich zu sein. Diese vier Dinge sind ein absolutes MUSS!

Jeder, der im Network Marketing 100.000 oder 200.000 Euro im Jahr (und mehr) verdient, TAT und TUT diese vier Dinge.

Damit Sie diese vier Dinge im Gedächtnis behalten, arbeite ich diese Punkte in eine Geschichte ein, die Sie Ihren Leuten weitererzählen können. Ihre Zuhörer werden nicht nur die Parallelen erkennen, sondern sie werden auch die vier „Dinge, die man tun muss" im Gedächtnis behalten.

Die Geschichte geht folgendermaßen: „Stellen wir uns vor, Sie wollen einen Ausflug mit dem Familienauto machen, das verregnete Hamburg hinter sich lassen (auch wenn es nicht so schlimm ist, wie manche Leute sagen) und ins sonnige Italien fahren. Der Sonnenschein in Italien steht hier für das Ziel, die Spitze Ihres Unternehmens zu erreichen. Wenn Sie dort ankommen, sind Sie ERFOLGREICH - Sie sind GANZ OBEN!

Das ERSTE, was Sie tun müssen, ist EINSTEIGEN und STARTEN. Niemand hat jemals das große Geld im NWM verdient, ohne erst einmal gestartet zu haben. Der Geldbetrag, den man braucht, um anzufangen, hängt von der Firma ab, die Sie sich als Ihr „Fahrzeug" aussuchen. Er kann von Null über 12, 50, 45, 100 oder 200 Euro bis hin zu 500 Euro oder mehr betragen.

Das ZWEITE, was Sie tun müssen, wenn Sie diesen Ausflug unternehmen wollen, ist, BENZIN und ÖL zu kaufen. Auf Ihrem Weg zum Ziel (Italien) werden Sie Benzin und Öl (Produkte) verbrauchen, und es wird notwendig sein, diese nach Bedarf nachzukaufen. NWM funktioniert am besten mit Produkten, die man VERBRAUCHT. Sie werden die Produkte aufbrauchen und müssen sie somit immer wieder nachkaufen. Sie müssen DIE PRODUKTE des Unternehmens, das Sie vertreten, SELBST NUTZEN.

Sie werden sich erinnern, dass wir Ihnen in der S.P. Nr. 1 gezeigt haben, dass es mit 780 Vertriebspartnern egal ist, mit welchem Unternehmen Sie zusammenarbeiten. Sie werden immer einen großen Umsatz haben. Naturgemäß bietet ein Vehikel mit Verbrauchsprodukten Vorteile für den Geschäftsaufbau. Die meisten NWM-Unternehmen bewegen sich in dieser Sparte. Waren, die keine Verbrauchsgüter sind werden meistens, aber nicht immer, eher durch Methoden des Einzelhandels oder des Direktvertriebs vermarktet.

Ein weiterer Effekt der Eigennutzung der Produkte ist, dass Sie von ihnen begeistert sein werden. Anstatt große Geldsummen für Werbung auszugeben, investieren NWM-Unternehmen ihr Geld nämlich in die Produktentwicklung. Sie stellen daher qualitativ hochwertigere Produkte her als man normalerweise im Einzelhandel erhält.

ALS DRITTES müssen Sie die Gänge HOCHSCHAL-TEN. Natürlich wissen Sie, dass man nicht in einem HOHEN GANG anfährt. Wir alle würden zunächst im Leerlauf starten. (Nehmen Sie übrigens zur Kenntnis, dass wir kein Automatikgetriebe haben). Wenn wir in der Hauseinfahrt im Auto sitzen, den Schlüssel herumgedreht haben und der  Motor läuft, müssen wir in den ersten Gang schalten, sonst kommen wir nie in Italien an – und auch nirgendwo anders. Um Ihr Vehikel in den ersten Gang zu schalten, müssen Sie jemand sponsern. Wenn Sie eine Person gesponsert haben, sind Sie im ERSTEN GANG.

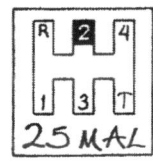

Nach Adam Riese sollten Sie fünf Mal in den ersten Gang schalten, mit fünf ERNSTHAFT interessierten Menschen. In einer der anderen Präsentationen werde ich Ihnen zeigen, wie Sie erkennen, welche Ihrer Leute es ernst meinen. Sie werden sehen wollen, dass Ihre fünf Leute AUCH einen Gang einlegen.

Sie SCHULEN Ihre fünf Einsteiger also, wie man den ersten Gang einlegt, indem man jemanden sponsert. Wenn jede Ihrer fünf neuen Personen fünf Mal in den ersten Gang geschaltet hat, haben Sie selbst 25-mal den ZWEITEN GANG eingelegt.

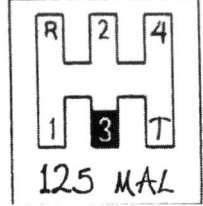

Schulen Sie Ihre fünf Leute, jeweils ihre eigenen fünf darin zu schulen, fünfmal den ersten Gang einzulegen. Damit übt jeder von ihnen 25mal, wie man den zweiten Gang einlegt, was Sie selbst 125-mal in den DRITTEN GANG bringt. Wenn Sie eine dritte Ebene von Vertriebspartnern in Ihrer Organisation haben, dann fahren Sie im DRITTEN GANG.

Haben Sie bemerkt, wie viel runder Ihr Auto im vierten Gang läuft? So ist es auch mit Ihrer Organisation! Sie möchten so schnell wie möglich in einem HOHEN GANG (dem vierten Gang) fahren. Wenn Ihre ersten Ebenen im dritten Gang sind, dann fahren Sie im VIERTEN GANG.

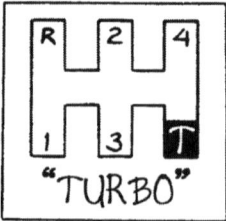

Natürlich möchten Sie, dass Ihr Team auch im HOHEN oder VIERTEN GANG fährt - denn dann sind Sie im TURBOGANG! Wie kommen Sie in den TURBOGANG? Sie HELFEN den Menschen, die Sie gesponsert haben, dabei, ihre jeweiligen Leute darin zu SCHULEN, wie man den DRITTEN GANG einlegt, wodurch Ihre eigenen Leute in den VIERTEN GANG kommen, was Sie selbst in den TURBOGANG versetzt.

Das VIERTE, was Sie auf Ihrer Fahrt nach Italien tun müssen, ist: Nutzen Sie die Zeit, um die Menschen, die Sie begleiten, an Ihren Produkten TEILHABEN ZU LASSEN. Lassen Sie Ihre Wegbegleiter die Produkte probieren und dadurch deren Vorteile kennen lernen. Wenn sie wissen wollen, wo sie die Produkte kaufen können ..., raten Sie mal, was Sie dann tun? Lassen Sie Ihre Freunde einfach teilhaben an den Dingen, von denen Sie überzeugt sind. Für viele ist das der Weiterverkaufs-Teil des Geschäfts.

1. Steigen Sie ein - starten Sie.
2. Verwenden Sie die Produkte.
3. Schalten Sie die Gänge hoch.
4. Empfehlen Sie die Produkte Ihren Freunden (Vertrieb).

An diesem Punkt ist es wichtig, dass Sie Folgendes erkennen: Während wir die Serviettenpräsentationen Nr. 1 und Nr. 2 durchgegangen sind und jetzt Präsentation Nr. 3, haben wir Ihnen die VIER DINGE mitgeteilt, DIE SIE TUN MÜSSEN, um erfolgreich zu sein. Wir haben Ihnen kein einziges Mal gesagt, dass Sie losgehen und VERKAUFEN MÜSSEN. Wir behaupten, dass Sie die Produkte nicht im normalen Sinne des Wortes „verkaufen" müssen. Wir SAGEN ALLERDINGS, dass Sie Ihre Freunde an den Produkten TEILHABEN LASSEN müssen. Das können Sie auch mit Fremden tun. Wenn diese die Vorteile Ihrer Produkte und Ihres Marketingplans sehen, werden sie künftig zu NEUEN FREUNDEN werden.

Sie brauchen keine große Anzahl von Kunden ... 10 oder sogar noch weniger genügen. Wenn Sie nie mehr als 10 Kunden haben, ist das völlig in Ordnung. Das bedeutet lediglich, dass Punkt Nummer Vier (siehe nächste Seite) einen sehr kleinen Teil darstellt. Wenn wir alle vier Punkte zusammennehmen, stellen wir fest, dass Sie immer noch nach Italien kommen wenn Sie nur die ersten drei ausführen.

BEACHTEN SIE JEDOCH: Wenn Sie Nummer Drei nicht machen (in einen HOHEN GANG kommen), dafür aber viel von Nummer Vier, kommen Sie niemals aus der Einfahrt heraus (so ergeht es Verkäufern). Wenn Sie das verstanden haben und Nr. 1 und Nr. 2 einbinden, bekommen Sie allmählich die richtige Einstellung zum NWM.

Wenn Sie mit Ihrem Neueinsteiger am Startfeld stehen, sollten Sie dafür sorgen, dass sich in dessen Unterbewusstsein die NUMMER „5" festsetzt. Alles, was Sie dazu tun müssen, ist, fünf ernsthaft interessierte Menschen zu finden, die wirklich ins Geschäft einsteigen wollen.

Wenn Sie andere Networker treffen und sie fragen, wie es ihnen geht, bekommen Sie unter Umständen die Antwort: „Mensch, ich kann niemand finden, der verkaufen will." Da ist wieder das Wort „verkaufen"! HÖREN SIE AUF, nach Leuten ZU SUCHEN, die verkaufen wollen! FANGEN SIE AN, nach

Leuten ZU SUCHEN, die sich zusätzliche 600, 1.200 oder 1.500 Euro pro Monat verdienen möchten, ohne jeden Tag „zur Arbeit gehen" zu müssen. Kennen Sie jemanden - oder kennen Sie jemanden, der jemanden kennt - der das möchte? Ihre und deren Antwort wird wie meine Antwort lauten: „Ja, jeder!" Und genau das sind die Menschen, mit denen Sie sprechen sollten, weil jeder gerne so eine Einnahmequelle hätte.

Weisen Sie einfach darauf hin, dass fünf bis zehn Stunden pro Woche ihrer Freizeit nötig sind, um sich ein Geschäft aufzubauen. Doch darauf folgt gleich die Frage: „Was ist der Haken daran?"

Manchmal steigen Leute in NWM-Unternehmen ein und glauben, dass alles irgendwie von selbst passieren wird, nur weil sie sich eingeschrieben haben. So läuft es nicht! Sie wissen doch noch: Das Auto, mit dem wir nach Italien fahren, hat KEIN AUTOMATIKGETRIEBE.

Ich kenne - und Sie sicherlich auch - Personen, die zur Universität gegangen sind, um einen akademischen Grad zu erwerben. Daran ist nichts falsch. Vielleicht sind Sie einer von ihnen. Sie gehen also jeden Tag zur Schule. Sie studieren den ganzen Tag und die halbe Nacht, Woche für Woche, jahrelang. Wenn Sie dann endlich Ihr Diplom haben, wie viel Geld können Sie damit verdienen?

Investieren Sie deshalb wöchentlich fünf bis zehn Stunden Ihrer Zeit dem LERNEN. Eignen Sie sich die zehn Serviettenpräsentationen an und lernen Sie alles, was Sie über „Ihr" NWM-Unternehmen in Erfahrung bringen können. Wenn Sie den Stoff lernen und verstehen, können Sie die Serviettenpräsentationen anderen beibringen. Das Buch, das Sie gerade lesen, ist der Schlüssel für den Erfolg von morgen.

Wir wollen nicht, dass Sie nervös werden bei dem Gedanken, Sie könnten anderen nicht beibringen, was Sie hier lernen. Möglicherweise ist es das erste Mal, dass Sie von diesen Konzepten hören. Wir können wirklich nicht von Ihnen erwarten, alles so gut zu begreifen, dass Sie es weitervermitteln können. Und das MÜSSEN Sie auch NICHT!

Sie wissen doch noch: Um ins Network Marketing einzusteigen, müssen Sie einen SPONSOR haben. Wenn Ihr Sponsor ein WIRKLICHER Sponsor ist, wird er Ihnen mit Ihren ersten 5 Leuten helfen. Beachten Sie: Es ist eine UNTERSTÜTZENDE BEZIEHUNG. Während Ihr Sponsor Ihren Neueinsteigern die Serviettenpräsentationen zeigt (im Zweiergespräch oder in Gruppen) bildet er dabei auch Sie aus.

Wir raten Ihnen, sich selbst ein Ziel zu setzen. Wenn Sie ungefähr 20 Prozent der Karriereleiter in Ihrem Unternehmen hochgestiegen sind, sollten Sie die zehn SERVIETTENPRÄSENTATIONEN KENNEN und VERSTEHEN. Bis zu dem Zeitpunkt, an dem Sie drei Viertel des Weges geschafft haben, sollten Sie in der Lage sein, andere ZU SCHULEN. Wenn Sie an der Spitze oder in der Nähe der Spitze angelangt sind, werden Sie in der Lage sein, Ihr Team darin zu SCHULEN, WIE MAN ANDERE SCHULT. Das ist eine sehr wertvolle Fähigkeit, die Sie sich innerhalb eines relativ kurzen Zeitraumes ANEIGNEN können.

Mit diesem Buch und/oder einer CD zum Thema können Sie sich hinsetzen und lesen und lernen oder Sie können sich diese CD immer wieder anhören. Wenn Ihnen jemand den „Auftrag" erteilen würde, genau das zu tun, und Sie den Stoff fünf-, sechs- oder sogar zehnmal durcharbeiten müssten, und wenn Sie in einem Jahr dafür zwei, drei oder gar zehn TAUSEND EURO PRO MONAT bekämen, würde es sich lohnen, dafür jetzt fünf bis zehn Stunden pro Woche zu investieren?

Sie werden doch sicher zugeben, dass das eine sehr angenehme Art und Weise ist, „zur Schule zu gehen", nicht wahr? Schauen Sie mal in Lehrbücher von Universitäten und versuchen Sie, deren Inhalte zu lernen ... und Sie werden mit dem Wissen bei weitem nicht so viel Geld verdienen!

Willkommen an der NWM-Universität!

VIER DINGE, DIE SIE TUN MÜSSEN

1. Steigen Sie ein - starten Sie.
2. Verwenden Sie die Produkte.
3. Schalten Sie die Gänge hoch.
4. Empfehlen Sie die Produkte Ihren Freunden (Vertrieb).

NOTIZEN

NOTIZEN

KAPITEL 5
Serviettenpräsentation Nr. 4
Zum Grundgestein graben

ENTMUTIGUNG ist eines der Probleme, die bei einem neu gesponserten Vertriebspartner aufkommen können, wenn es Ihnen nicht gelingt, ihm einzuschärfen, wie wichtig es ist, sich einen VORSPRUNG zu verschaffen. Deshalb betonen wir, dass sie nicht ANFANGEN sollen, ihre Monate im Geschäft ZU ZÄHLEN, bevor sie nicht ihren AUSBILDUNGSMONAT oder ihre Ausbildungszeit absolviert haben, die je nach Fall unterschiedlich lang dauern kann.

Wenn Menschen bei einer NWM-Organisation einsteigen, zeigen sie oft die Tendenz, zu den Führungskräften weit vorn an der Spitze aufzusehen – und sie lassen sich entmutigen, weil sie glauben, dass sie es niemals schaffen können, diese einzuholen.

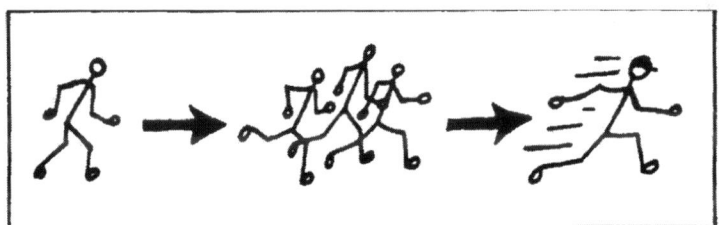

Zeichnen Sie ein Bild mit einer Gruppe von Läufern. Die Pfeile stehen für den Versuch, die anderen einzuholen, und für den Läufer, der versucht, seinen Vorsprung zu halten, indem er noch SCHNELLER läuft. (Vielleicht finden Sie es leichter, Kreise zu zeichnen, um diese Situation darzustellen.) Erinnern Sie sich an den Turnunterricht in der Schule, als Sie „Runden" laufen mussten? Man gibt mehr, um seinen Vorsprung zu halten, als um eine Gruppe einzuholen. Da es in diesem Rennen keine „Ziellinie" gibt, können alle Gewinner sein. Ich habe ein Zitat meines Pfarrers in meinem Büro aufgehängt. Es lautet:

„DIE EINZIGEN VERLIERER SIND DIE AUSSTEIGER."

Um ein gutes Rennen zu laufen, sollte man dafür trainieren. Wenn Sie jemanden sponsern, lassen Sie ihn die ersten zwei bis sechs Wochen im Geschäft als seine Trainingszeit betrachten. Erst der FOLGENDE Monat wird sein AN-FANGSMONAT sein.

Alles, was er liest oder hört, die Zusammenkünfte, an denen er teilnimmt, die Treffen mit dem Sponsor und anderen Leuten, die Produkte, die er probiert, und die Produkte, die er bewegt: All dieses TRAINING gibt ihm einen VOR-SPRUNG für den ANFANGSMONAT im Geschäft, und das ist sein NÄCHS-TER MONAT. Wenn der nächste Monat kommt und er noch nicht bereit ist, das Programm ernsthaft anzupacken, betrachten Sie die Sache so, dass er die TRAININGSZEIT noch nicht abgeschlossen hat. Erlauben Sie Ihren Leuten nicht, zu beginnen, ihre Monate zu zählen, bevor sie bereit sind, das Ganze ernst zu nehmen. Auf diese Weise sind sie für das Rennen „aufgewärmt", wenn es endlich ernst wird, und sie können sich mit einem VORSPRUNG in ein SCHNELLERES RENNEN begeben.

Einer der Hauptvorteile der Serviettenpräsentationen ist, dass, wenn Sie sie mit Ihren neuen Vertriebspartnern und Interessenten durchgehen und in den Schulungen wiederholen, eine Tendenz zur SELBSTMOTIVATION aufkommt. Ich bin jedes Mal, wenn ich die „2 x 2 = 4" - Präsentation zeige, immer wieder selbst begeistert über die Möglichkeiten im NWM.

Wenn Sie erst einmal lesen, erlernen und verstehen, was ich Ihnen auf den folgenden Seiten zeige, werden Sie sich jedes Mal motiviert und ermutigt fühlen, wenn Sie ein neues Bürohochhaus im Bau sehen.

 Wenn der Bau beginnt, scheint es Monate über Monate, zu dauern, die sich wie eine Ewigkeit anfühlen, bis Sie das Bauwerk aus dem Boden herauswachsen sehen. Aber wenn es erst einmal über Bodenhöhe ist, scheint es jede Woche um eine Etage höher zu werden – es wächst SCHNELL!

Stellen Sie sich das hohe Gebäude als Ihre Organisation vor, so wie sie EINES TAGES aussehen soll, und überlegen Sie, was Sie tun müssen, um diesen Zustand zu erreichen.

Als Sie zu Anfang die ersten fünf ernsthaft interessierten Personen sponserten, haben Sie das Fundament mit Schaufel oder Spaten ausgehoben. Doch wenn Sie die zweite Ebene ausheben,  also Ihren Leuten beibringen, wie man sponsert, dann haben wir es schon mit 25 Personen zu tun - und Sie müssen BULLDOZER heranholen.

Sobald Sie Ihrer Gruppe beigebracht haben, die Leute in Ihren Gruppen darin zu schulen, wie man sponsert, dann nähern Sie sich dem harten Grundgestein. Jetzt müssen Sie schon mit Löffelbaggern graben! Wenn Sie die 125 Personen auf der dritten Ebene sehen können, haben Sie das GRUNDGESTEIN erreicht.

Jetzt können Sie nach oben bauen. Wenn Ihre Organisation VIER EBENEN TIEF ist, heißt das, dass Sie nun „sichtbar wird". Von jetzt an wird Ihr Gebäude sehr schnell wachsen.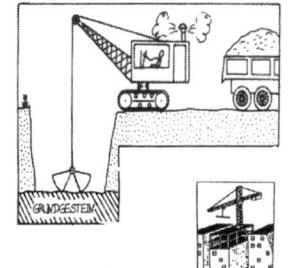

Wenn Sie also schon mehrere Monate lang im Geschäft sind und meinen, dass nichts passiert, sollten

Sie sich nicht entmutigen lassen. Das bedeutet lediglich, dass das Fundament noch im Bau ist. Es ist wie bei einem Goldgräber, der Monate damit verbringt, eine Mine zu graben, und der aufgibt und geht, obwohl er nur noch eine Hand breit von der Hauptader entfernt ist.

Genau das passiert unserem Verkäufer: Gerade als er im Begriff ist, auf das Grundgestein zu stoßen, das Fundament zu legen und das Gebäude wachsen zu sehen, geht er weg und fängt etwas anderes an. Sie können wirklich keine sichtbaren Ergebnisse eines Wachstums erwarten, bevor Sie nicht mindestens vier Ebenen tief gegangen sind. Das bedeutet nicht unbedingt, dass alle Ihre fünf Linien vier Ebenen tief sein müssen. Wenn auch nur eine Ihrer Linien vier Ebenen tief ist, bedeutet das, dass Sie nun sichtbare Etagen bauen.

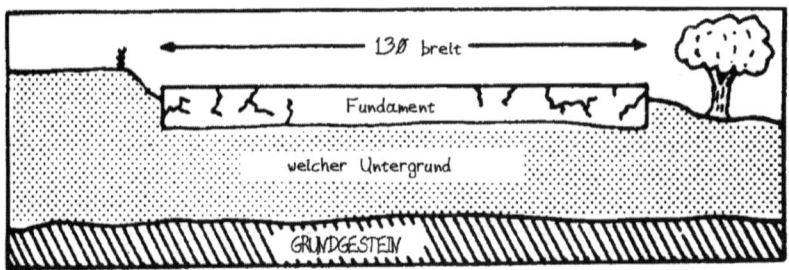

Oben ist eine Abbildung mit dem Fundament eines Networkers, der 130 Personen gesponsert hat. Er hat das Grundgestein nicht erreicht. Das hätte er auch dann nicht geschafft, wenn jeder seiner Leute jeweils fünf „Produktnutzer" oder „Großhandelspreis-Käufer" gesponsert hätte und er damit eine Gruppe von 780 Leuten hätte. Ohne ein solides Fundament auf dem Grundgestein kann man das Gebäude nicht besonders hoch bauen, da es sonst auseinanderbricht.

Vergleicht man das wieder mit dem Ausflug nach Italien, dann ist die Person, die 130 Leute gesponsert hat, zu oft im ersten Gang gefahren. Selbst wenn sie alle jeweils 5 weitere gesponsert hätten, würden sie nie über den zweiten Gang hinauskommen!

ERLERNEN Sie diese Serviettenpräsentationen und WENDEN Sie sie AN! Dann bleiben Sie nicht im ZWEITEN GANG hängen. Bauen Sie Ihr Fundament tief bis zum GRUNDGESTEIN. Dann können Sie HOCHSCHALTEN!

Wenn wir zur Serviettenpräsentation Nr. 9 (Kapitel 10) über Motivation und Einstellung kommen, werden Sie es ganz verstehen, warum es wichtig ist, TIEF nach unten zu BAUEN. Bevor wir zur S.P. Nr. 5 kommen, möchte ich Sie daran erinnern, dass Sie Ihrem Team die ersten vier Präsentationen SO SCHNELL WIE MÖGLICH zeigen sollten. Die nachfolgenden können jederzeit eingeführt werden, sobald Ihre Gruppe angefangen hat, andere für das Geschäft zu sponsern.

NOTIZEN

KAPITEL 6
Serviettenpräsentation Nr. 5
Schiffe auf hoher See

Sie sind nun seit einer Woche in diesem Geschäft oder seit zwei Wochen, einem Monat oder wie lange auch immer Sie brauchen, um zu entscheiden, ob Sie ernsthaft einsteigen und sich WEITERENTWICKELN wollen. Sie haben auch schon einige Personen gesponsert.

Diese Präsentation macht übrigens mehr Spaß, wenn man sie einer Gruppe vorführt, als in einem Zweiergespräch.

Im Englischen sagt man oft „Wenn MEIN Schiff einläuft ..." im Sinne von „Wenn ich das ganz große Los ziehe" oder „Wenn das Glück an meine Tür klopft", worauf ein Pessimist gleich kontern dürfte: „... dann bin ich bestimmt gerade nicht zu Hause".

Im Network Marketing KÖNNEN Sie Ihr Schiff wirklich einlaufen lassen! Wenn Sie diese Serviettenpräsentationen erlernen und anwenden, können Sie da sein, wenn es einläuft.

Ich frage die Leute manchmal, ob Sie einen lange verschollenen Verwandten haben, der ihnen vielleicht ein Vermögen hinterlassen wird, wenn er stirbt. Die Wahrscheinlichkeit, dass jemandem so etwas passiert, ist sehr gering. Für die meisten Menschen ist ein solcher Glücksfall eher unwahrscheinlich. Doch im NWM ist diese Hoffnung realistisch!

Das ist einer der Gründe, warum ich vom NWM so begeistert bin. Wenn Sie mit Menschen sprechen, können Sie ihnen HOFFNUNG geben - Hoffnung darauf, dass sie nicht die nächsten 30 bis 40 Jahre für eine Firma arbeiten müssen, um danach in den Ruhestand zu gehen und eine Rente zu bekommen. Viele Menschen mühen sich 30 bis 40 Jahre lang ab und freuen sich auf die Rente, weil sie dann „die Welt bereisen" wollen, doch wenn es soweit ist, wird ihnen plötzlich klar, dass sie als Rentner mit der Hälfte ihres bisherigen Einkommens auskommen müssen!

NETWORK MARKETING gibt den Menschen wirklich die Möglichkeit, ihre Träume wahr werden zu lassen. Und sie müssen nicht 30 oder 40 Jahre lang warten, um es zu tun.

Die meisten Leute trauen sich nicht, sich selbständig zu machen und ein eigenes Geschäft aufzubauen. NWM gibt ihnen die Möglichkeit, sich mit der Geschäftsidee auseinanderzusetzen und es auszuprobieren, ohne dabei ihre bisherige Existenzgrundlage zu gefährden.

Ich zeige Ihnen jetzt, WIE Sie Ihr SCHIFF EINLAUFEN lassen können. Konkret gesagt, wie Sie die Spitze in dem NWM-Unternehmen erreichen, bei dem Sie sich eingeschrieben haben.

Wenn Ihr Schiff einläuft, schlagen Sie Kapital daraus, egal welche Fracht es an Bord hat.

Wenn ich diese Analogie zeige, zeichne ich immer drei Schiffe auf See. An der Seite oder unten auf Ihrer Serviette zeichnen Sie die Küste - dort warten Sie auf Ihr einlaufendes Schiff.

Schreiben Sie neben das erste Schiff GOLD, neben das zweite SILBER und neben das dritte Schiff das Wort LEER.

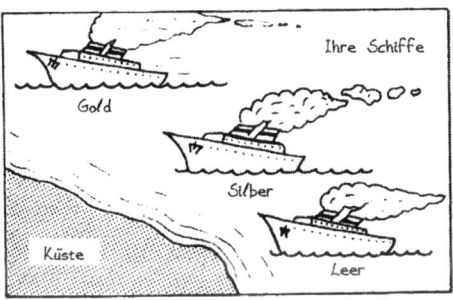

Die Schiffe repräsentieren die Networker in Ihrer Organisation, egal ob Sie diese selbst gesponsert haben oder nicht. Sie können sich auf jeder Ebene Ihrer Sponsoring-Linie(n) befinden.

Sie wissen, dass Sie Kapital aus der Ladung des Schiffes schlagen werden, wenn es einläuft. Welchem Schiff würden Sie nun helfen, die Küste zu erreichen? Dem mit GOLD beladenen Schiff, sagen Sie? Natürlich! Warum bemühen sich die meisten Menschen dann anscheinend am meisten darum, dem leeren Schiff zu helfen? Weil die meisten Menschen noch nie vor so einer Aufgabe gestanden haben.

Die Parallele lässt sich folgendermaßen erklären: Die mit „GOLD" beladenen Schiffe stehen beispielsweise für die Verkäufer-Typen, die gesponsert wurden. Ihr Sponsor hat sich dann nicht weiter um sie gekümmert, weil er annahm, sie bräuchten keine Hilfe oder Unterstützung – er dachte, sie würden das schon hinbekommen. Vielleicht gelingt es ihnen tatsächlich, aber wahrscheinlich eher nicht - zumindest nicht ohne den Schlüssel zum Erfolg zu kennen, in die Tiefe statt in die Breite zu bauen.

Die leeren Schiffe sind diejenigen Menschen, die seit Monaten dabei sind, und die Sie immer noch jedes Mal, wenn Sie sie treffen, davon überzeugen müssen, dass es FUNKTIONIEREN WIRD. Diese Personen neigen dazu, eher negativ zu denken und lassen sich schnell entmutigen.

Die meisten Sponsoren arbeiten mit den leeren Schiffen, BIS sie diese Präsentation sehen. Dann fangen sie an, mit den „GOLD"-Schiffen zu arbeiten.

Wenn Sie jemanden für das Geschäft gewinnen, läuft er als SILBER-SCHIFF ein. Ob ihre Fracht zu GOLD wird oder der Frachtraum LEER bleibt, ist grundsätzlich dadurch bestimmt, wie SIE mit derjenigen Person arbeiten.

Als in der ersten Präsentation von FÜNF ERNSTHAFT INTERESSIERTEN PERSONEN die Rede war, waren FÜNF GOLD-SCHIFFE gemeint. Einfach ausgedrückt: Je mehr silberne Schiffe Sie haben, die Gold laden, umso weniger Leute müssen Sie sponsern, um Ihre fünf ernsthaft interessierten Partner zu bekommen.

Hier sind einige Kriterien, anhand derer Sie ein GOLD-SCHIFF oder eine ERNSTHAFT INTERESSIERTE PERSON identifizieren können:

1) Sie sind LERNBEGIERIG. Sie rufen Sie ständig an und haben Fragen, die sie beantwortet haben möchten.

2) Sie BITTEN UM HILFE. Sie haben jemanden, den sie Ihnen vorstellen möchten, um ihn zu sponsern oder auszubilden.

3) Sie sind BEGEISTERT VON DIESEM GESCHÄFT. Sie verstehen genug von NWM, um zu wissen, dass es funktioniert - und das begeistert sie!

4) Sie gehen VERPFLICHTUNGEN ein. Sie kaufen und NUTZEN DIE PRODUKTE, und sie verbringen ihre Freizeit damit, alles über die Produkte und die Geschäftsgelegenheit zu erlernen.

5) Sie haben ZIELE. Ziele treiben Menschen an, das zu bekommen, was sie wirklich wollen. Sie müssen diese nicht unbedingt aufschreiben (auch wenn es nicht schadet), solange Sie die Dinge klar im Kopf haben, die Sie unbedingt erreichen wollen.

6) Sie haben eine NAMENSLISTE. Diese Liste wird AUFGESCHRIE-
BEN. Der Grund für das Aufschreiben ist einfach: Sie können jederzeit
etwas hinzufügen und werden später keine Namen vergessen. Sie fahren
vielleicht in einer Gegend herum, in der Sie schon länger nicht mehr waren. Einfach dort zu sein rüttelt normalerweise Ihr Gedächtnis auf und lässt
Erinnerungen hochkommen an jemanden, der dort wohnt oder einmal
gewohnt hat. Da Sie IMMER (nicht wahr?) Ihre Namensliste dabei haben,
können Sie sofort den Namen auf die Liste setzen. Einige Tage später, wenn
Sie überlegen, wen Sie anrufen könnten, werden Sie Ihre Liste durchsehen
und siehe da, wen Sie dort wiederfinden! Hätten Sie diesen Namen nicht
gleich aufgeschrieben, als er Ihnen zufällig einfiel, wäre er Ihnen vielleicht
nie wieder eingefallen.

7) Es macht SPASS, MIT IHNEN ZUSAMMEN ZU SEIN. Sie freuen
sich auf Ihren Besuch, ob nun privat oder geschäftlich.

8) Sie haben eine POSITIVE Einstellung. Wir alle sind gerne von positiv
denkenden Menschen umgeben – und es steckt an!

Diese Liste mit Kriterien zur Identifizierung eines Gold-Schiffes ließe sich noch
beliebig fortsetzen.

Grundsätzlich gibt es nur einen Unterschied zwischen einem SILBER-Schiff
und einem GOLD-Schiff: Das silberne ist noch nicht lange genug im Geschäft,
um es voll und ganz zu verstehen und ernsthaft zu betreiben.

Ich möchte, dass Sie sich DREIER WICHTIGER WORTE bewusst sind.
Wenn Sie nur diese drei Worte verstehen, verstehen Sie, wie NWM funktioniert. Diese Worte sind:

1. VORSTELLEN

2. ENGAGIEREN

3. WACHSEN

Als Erstes müssen Sie jemandem das Geschäft VORSTELLEN, in dem Sie tätig sind. Wenn Sie es vorgestellt haben, bringen Sie Ihren Interessenten dazu, SICH ZU ENGAGIEREN. Wenn er einmal engagiert ist, wird er darüber nachdenken, wie weit er es bringen kann, und er wird stetig WACHSEN.

STELLEN Sie Ihren Interessenten Network Marketing VOR: Erklären Sie die verschiedenen Methoden (Einzelhandel, Direktverkauf, NWM), durch die Produkte bewegt werden, und zeigen Sie die „Zwei mal zwei ist vier"- Serviettenpräsentation Nr. 1 (Kapitel II).

Bringen Sie Ihre Kandidaten dazu, SICH ZU ENGAGIEREN. Nehmen Sie sie mit auf eine Fahrt nach Italien, indem Sie die Serviettenpräsentation Nr. 3 (Kapitel IV) vorführen.

WACHSTUM wird für sie ganz natürlich kommen, wenn sie erst einmal alle zehn Serviettenpräsentationen verstehen und nutzen und ihr Augenmerk auf den Gipfel des Erfolgs richten.

Wenn Sie Ihre Leute anrufen oder besuchen, machen Sie deutlich, dass Sie das tun, um ihnen zu HELFEN, und nicht, um sie ANZUTREIBEN. Das ist sehr wichtig.

Um auf die Art von Mensch zurückzukommen, die ich als leere Schiffe betrachte: Wenn Sie einen solchen Menschen anrufen, weil Sie ihm helfen wollen, haben Sie den Eindruck, dass er sich nicht sonderlich darüber freut. Das ist ein gutes Anzeichen dafür, dass er Sie als „aufdringlich" empfindet und Sie ihn nerven. Leere Schiffe fühlen sich bei einem Anruf von Ihnen bedrängt.

Wenn Sie dagegen ein mit Gold beladenes Schiff anrufen, nimmt dieser Mensch von sich an, dass Sie anrufen, weil Sie helfen wollen, und Sie werden das auch gleich an seinem Tonfall merken.

Leere Schiffe haben keine Ziele, sie führen keine Namensliste, sie sind definitiv nicht ernsthaft bei der Sache und zudem haben sie meist auch noch eine eher negative Einstellung zum Leben. Sie müssen ihnen ständig irgendetwas beweisen.

Seien Sie sich über Folgendes im Klaren: Wenn ein leeres Schiff sinkt, geht es entweder allein unter oder - wenn Sie vorwiegend mit leeren statt mit goldbeladenen Schiffen arbeiten – wird es auch Sie mit sich nach unten ziehen. Deshalb bemühe ich mich, meine Leute dahingehend zu schulen, dass sie sich von den leeren Schiffen fernhalten und mit den goldbeladenen Schiffen arbeiten oder mit den Silberschiffen, um ihnen zu helfen, Gold zu laden. Verbringen Sie den Großteil Ihrer Zeit damit, mit Gold-Schiffen zu arbeiten. Helfen Sie ihnen, ihre eigenen Organisationen aufzubauen.

Die leeren Schiffe, die nicht gesunken sind (also die Leute, die nicht ausgestiegen sind), und die silbernen, die noch kein Gold geladen haben, merken plötzlich, dass Sie selbst auch ohne sie weitermachen, und es kann passieren, dass sie sich mit einem Mal bei Ihnen melden! Wenn die Einstellung eines Menschen zum Geschäft auf Abwärtskurs ist, dann ist es fast unmöglich, diesen Prozess anzuhalten. Sie haben quasi keine andere Wahl, als abzuwarten, bis er die Talsohle erreicht hat. Wenn er dann bereit ist und ER SIE ANRUFT und sich mit Ihnen treffen und wieder in Schwung kommen will, können Sie ihn sehr schnell nach oben bringen. Aber wenn Sie sich darauf einlassen, ihn aufrichten zu wollen, wenn er auf dem Weg nach unten ist (sich also um ein sinkendes und dazu noch leeres Schiff bemühen), kann er Sie mit nach unten ziehen.

Diese Analogie mit den Schiffen eignet sich gut, um auf humorvolle Weise mit Ihren Teammitgliedern zu kommunizieren. Wenn Sie sich treffen, können Sie fragen, wie sie mit ihren Schiffen klar kommen. Wie viele sind Gold? Wie viele Silber?

Ein WICHTIGER PUNKT: Rufen Sie niemals einen neuen Vertriebspartner an und fragen ihn, WIE VIEL er letzte Woche VERKAUFT HAT! Wenn Sie das tun, stellen Sie alles in Zweifel, was Sie ihm anfangs gesagt haben, nämlich dass er nicht rausgehen und VERKAUFEN muss. Er soll doch nur seine Freunde an den Produkten TEILHABEN LASSEN, SPONSERN und eine Organisation AUFBAUEN.

Wenn Sie ihn nach seinen Verkäufen fragen, wird er denken, dass Sie nur wissen wollen, wie viel Geld Sie an ihm verdienen werden - und damit hat er wahrscheinlich sogar recht.

Das Geld wird ganz von selbst kommen, wenn Sie sich zuerst bemühen, IHREN LEUTEN ZUM ERFOLG ZU VERHELFEN. Zig Ziglar drückt es so aus: „Sie können alles auf der Welt haben, was Sie wollen, wenn Sie nur genug ANDEREN MENSCHEN HELFEN, das zu bekommen, was diese wollen."

Wenn Sie mit jemandem aus Ihrer Organisation sprechen wollen, den Sie direkt gesponsert haben, rufen Sie, wenn möglich, zuerst jemand aus seiner Downline an. Plaudern Sie eine Weile mit diesem Menschen, um festzustellen, ob sie ihm irgendwie helfen können, vielleicht indem Sie ihm bei einem Gespräch oder einem Treffen zur Seite stehen. Rufen Sie anschließend die Person auf Ihrer ersten Ebene an, mit der Sie ursprünglich sprechen wollten, und erzählen Sie ihm gleich, dass Sie sich gerade mit jemandem aus seinem Team unterhalten haben, der begeistert ist, und dass Sie sich mit ihm treffen werden.

Machen Sie Ihren Leuten klar, dass Sie anrufen, um zu HELFEN, und nicht, um sie zu „überprüfen".

Die Leute des Unternehmens zu „überprüfen" ist der Job des Vertriebsleiters einer Direktvertriebsfirma und nicht Ihrer. Wir sind nicht im Direktvertrieb – wir sind im Network Marketing tätig. Inzwischen sollte Ihnen der Unterschied klar sein.

Um diese Präsentation abzuschließen, weise ich darauf hin, dass Sie, der Leser, KEIN „leeres" Schiff sind. Wenn Sie eins wären, würden Sie dieses Buch wahrscheinlich nicht lesen. Wenn Sie das Gefühl haben, Sie waren ein leeres Schiff, bevor Sie dieses Buch gelesen haben, sind Sie an dieser Stelle wahrscheinlich schon eines, das GOLD geladen hat. Oder zumindest ein silbernes, das auf dem Weg ist, ein GOLD-SCHIFF zu werden. Weiter so!

NOTIZEN

KAPITEL 7
Serviettenpräsentation Nr. 6
Einladung an Dritte

KUNDEN- UND MITARBEITERGEWINNUNG ist das Thema dieser Präsentation, die unmittelbar an die Präsentation „Schiffe auf hoher See" anknüpft. Wir nennen die Kunden- und Mitarbeitergewinnung hier einfach EINLADUNG AN DRITTE. Es ist wichtig, dass alle Ihre Leute wissen, was eine EINLADUNG AN DRITTE ist und wie man das macht.

Zur Erklärung: Wenn ich Kerstin kenne, würde ich NICHT zu ihr gehen und sie fragen, ob sie Interesse an einem Extra-Einkommen hat. Der Grund: Kerstin wird wahrscheinlich wollen, dass ich glaube, es geht ihr finanziell gut. Auch wenn Kerstin in Wirklichkeit zusätzliches Geld verdienen will (oder es sogar dringend nötig hätte), würde sie antworten: „Nein danke, ich bin wirklich nicht interessiert."

Was ich jedoch tun KANN, ist, Kerstin folgendermaßen anzusprechen: „Kerstin, ich habe ein neues und interessantes Geschäft begonnen, und vielleicht kannst du mir dabei helfen. KENNST DU vielleicht zufällig IRGEND JEMANDEN, der Interesse an einem Extra-Einkommen hat?" (Oder: „... Interesse an einem zweiten Standbein hat?")

Achten Sie auf die dritte Person – IRGEND JEMANDEN. Ich frage sie, ob sie IRGEND JEMANDEN KENNT.

Experimentieren Sie ein bisschen damit. Fragen Sie die nächsten zehn Leute, die Ihnen über den Weg laufen (Tankwart, Lebensmittelhändler, Friseur, Putzfrau, etc.), ob sie IRGEND JEMANDEN KENNEN, der Interesse an einem Zusatzeinkommen hat, um ihre Reaktion zu testen. Die Antworten werden Ihnen etwas klar machen.

Die häufigste Antwort wird wahrscheinlich sein: „Worum geht es?" Der Grund, warum sie danach fragen, ist ganz einfach: Die Person, die SIE KENNEN, sind SIE SELBST – sie wollen nur ein bisschen mehr erfahren, um eine Entscheidung treffen zu können.

Wenn die Frage „Worum geht es?" kommt, dann lassen Sie den Fragenden nicht in der Luft hängen. So mancher wird es Ihnen übel nehmen, wenn er für eine 90-minütige Präsentation zu jemandem nach Hause geschleift wird und überhaupt keine Ahnung hat, warum er dort ist. (Einige Firmen trainieren ihre Leute sogar darauf, nichts zu sagen.) Sie jedoch antworten, wenn Sie gefragt werden, worum es geht: „Kennen Sie schon Network Marketing?" Die Antwort wird dann entweder „Ja" oder „Nein" sein. Wenn sie „Ja" lautet, fragen Sie, was Ihr Gesprächspartner darüber weiß. Führen Sie ein ALLGEMEINES GESPRÄCH über NWM. (Denken sie dabei an Kapitel 1 - „Einführung ins NWM"). Heben Sie ganz allgemein einige der Merkmale und Vorteile des Network Marketing hervor.

Laden Sie Ihren Gesprächspartner dann ein, sich mit Ihnen zusammenzusetzen (falls er noch Interesse zeigt) und sich das KONKRETE PROGRAMM anzusehen, an dem Sie sich beteiligen. Erklären Sie, dass es nur etwa eine Stunde dauern wird, um ALLES DARÜBER zu erfahren. Versuchen Sie nicht, Ihr Gegenüber an einer Straßenecke oder an seinem Arbeitsplatz damit vollzuplappern. Wenn er nicht ALLES DARÜBER in einem Zug erfährt, stiften Sie nur Verwirrung und was er hört, reicht ihm, um „Nein" zu sagen, denn er erfährt nicht genug, um „Ja" zu sagen.

Wenn Sie Ihr Team so schulen, wie es vorgegeben ist, brauchen Sie nicht nach neuen Mitarbeitern zu suchen. Während Sie diejenigen unterstützen, die Sie ins Geschäft gesponsert haben, werden Ihnen andere Menschen über den Weg laufen, mit denen Sie reden können. Wenn Sie mit diesen Menschen zusammentreffen, werden Sie mit ihnen über Network Marketing reden wollen, um Sie für Ihr Programm zu gewinnen. Die meisten Menschen haben eine gewisse Angst davor, das zu tun. Diese Angst rührt von der Vorstellung her, dass die andere Person zu ihnen „Nein" sagen wird. Man nennt das die „ANGST VOR ABLEHNUNG".

Ein gutes Beispiel für diese Angst ist der Abschlussball in der Schule. Ein Junge ist zum ersten Mal in seinem Leben auf einem Ball. Er durchquert den ganzen großen Raum, fordert ein Mädchen zum Tanz auf und das Mädchen sagt „Nein". Also kehrt er um, ZURÜCKGEWIESEN, geht wieder an seinen Platz und nimmt sich vor, nie wieder ein Mädchen zum Tanz aufzufordern. Er ist sich absolut sicher, dass jeder in der ganzen Aula GESEHEN hat, wie er abgelehnt wurde. Niemand wird gern abgelehnt.

Ein anderer Typ fordert ein Mädchen zum Tanz auf und wenn sie „Nein" sagt, fragt er einfach das nächste Mädchen und das nächste ... und dieser Junge wird die ganze Nacht durchtanzen.

Um die Angst vor Ablehnung zu ÜBERWINDEN, möchte ich Sie in die Lage versetzen, Ihrem eigenen Kopf ein Schnippchen zu schlagen, damit Sie in der Lage sind, mit mehr Menschen zu sprechen. Stellen Sie sich vor, Sie stehen am Dock. Wenn Sie darauf warten, dass IHR Schiff einläuft, müssen Sie schon ein Schiff oder mehrere ausgesandt haben.

Sie müssen mehrere Schiffe VOM STAPEL LAUFEN lassen.

Wenn Sie nur ein Schiff auslaufen lassen und es kommt leer zurück, was hat es dann für einen Sinn, Ihr Schiff überhaupt wieder einlaufen zu lassen?

Je mehr Schiffe Sie auslaufen lassen, desto größer sind die Chancen, dass einige mit GOLD beladen zurückkehren. Die Schiffe, die GOLD geladen haben, sind diejenigen, mit denen Sie arbeiten sollten.

Die meisten Menschen haben noch nie ein Schiff vom Stapel gelassen und daher gibt es noch nichts in ihrem Unterbewusstsein, das sie zurückhalten könnte. Betrachten Sie den Stapellauf. Wenn Sie jemanden fragen, ob er JEMANDEN KENNT, der Interesse an einem Zusatzeinkommen hätte, lassen Sie ein Schiff vom Stapel laufen.

Wenn er sagt: „Nein, ich kenne niemanden", können Sie sagen: „Kein Problem. Wenn Ihnen zufällig jemand über den Weg läuft, könnten Sie ihn bitten, dass er mich anruft?" (Geben Sie ihm Ihre Visitenkarte.) Auf diese Weise werden Sie nicht zurückgewiesen. Es gibt nur zwei mögliche Ergebnisse beim Zu-Wasser-Lassen eines Schiffes: Es wird entweder schwimmen oder untergehen.

Wenn es UNTERGEHT, was soll's! Sie stehen am Dock!

Wenn es SCHWIMMT, super! Schicken Sie es hinaus und helfen Sie ihm, eine Ladung Gold aufzunehmen.

Nachdem Sie die Serviettenpräsentationen Nr. 5 und Nr. 6 vorgestellt haben, werden Ihre Zuhörer Ihnen sagen, dass sie vorhaben, „Gold" zu werden. Der Grund: Sie haben ihnen gerade gesagt, Sie würden nur mit GOLD-SCHIFFEN arbeiten. Und diese Leute MÖCHTEN, DASS SIE MIT IHNEN ARBEITEN. Nehmen Sie diese Einladung an - sie wird auch Ihnen zum Nutzen gereichen!

NOTIZEN

NOTIZEN

KAPITEL 8
Serviettenpräsentation Nr. 7
Wie Sie Ihre Zeit investieren sollten

HIER SEHEN SIE EINE GRAFIK, die anschaulich darstellt, wie Sie Ihre Zeit investieren sollten. Grundsätzlich sollten Sie am Anfang 100 Prozent Ihrer Zeit damit verbringen, andere zu sponsern.

„Aber sollte ich nicht meine Zeit mit meiner Ausbildung verbringen, da die ersten Wochen doch mein SCHULUNGSMONAT sein sollen?", werden Sie fragen. Sie haben Recht. Aber denken Sie daran, Ihr Sponsor, der Ihnen beim Sponsern hilft, IST Teil Ihrer Ausbildung. Auch wenn Ihr Sponsor die „Arbeit" tut, kommt IHNEN die Ehre zu, der Sponsor dieser neuen Personen zu sein.

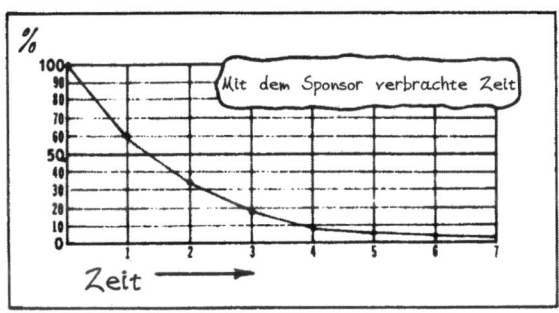

In NWM-Programmen können Sie andere ins Geschäft sponsern, sobald Sie selbst gesponsert wurden.

Wenn Sie ins NWM einsteigen, bilden nur SIE allein Ihr Geschäft. Sie wissen mittlerweile, dass Sie 5 ERNSTHAFTE INTERESSENTEN sponsern müssen, um mit diesem Geschäft erfolgreich zu sein. Eventuell müssen Sie mehr als 5 Personen sponsern, um diejenigen 5 zu finden, die diese Sache ernsthaft anpacken wollen.

Im Laufe der Zeit nimmt die Menge der Zeit, die Sie mit dem Sponsern verbringen, ab. Warum? Weil Sie plötzlich einen ernsthaften Interessenten finden … dann zwei … dann drei … vier …, und wenn Sie fünf ernsthafte Interessenten haben, können Sie aufhören, Ihre Zeit mit der Suche nach Menschen zu verbringen, die Sie sponsern können. Ab diesem Zeitpunkt verwenden Sie Ihre Zeit dafür, diese 5 Gold-Schiffe darin zu SCHULEN, wie man sponsert. Bringen Sie Ihnen auch bei, ihre eigenen Leute darin zu schulen, wie man sponsert. Wenn Ihre Leute ihre eigenen Gruppen drei oder vier Ebenen tief ausgebaut haben und Sie nicht mehr brauchen, dann können Sie sich nach anderen ernsthaft interessierten Personen zum Sponsern umsehen, um sie zu ersetzen.

Wenn Sie fünf ernsthafte Interessenten haben, sollten Sie 95 Prozent Ihrer Zeit damit verbringen, mit diesen zu arbeiten. 2,5 Prozent Ihrer Zeit sollten Sie damit verbringen, Kunden aus Ihrem Freundeskreis zu betreuen, und weitere 2,5 Prozent damit, „Saatgut zu pflanzen". Dann können Sie, wenn einer oder mehrere von Ihren 5 ernsthaften Leuten „erntereif" sind und nicht mehr „bewässert und gepflegt" werden müssen, mit dem „Saatgut" arbeiten, das Sie gepflanzt haben, und ihm helfen zu „sprießen".

Seien Sie sich dessen bewusst, dass Sie 100% der Zeit über das Produkt bewegen. Das ist ein zwangsläufiges Ergebnis der Arbeit mit Ihren Leuten. Das ist der „Verkaufs"-Teil des Geschäfts, den ich gerne als „TEILHABEN LASSEN" bezeichne.

NOTIZEN

NOTIZEN

KAPITEL 9
Serviettenpräsentation Nr. 8
Das Brutzeln verkauft das Steak

Diese Präsentation nenne ich manchmal auch „Loderndes Feuer". Ich gehe davon aus, dass Sie schon einmal zelten waren und folgendes beobachtet haben: Wenn Sie am Lagerfeuer die Holzscheite voneinander trennen, erlischt das Feuer. Wenn Sie das Holz wieder zusammenlegen, lodert das Feuer wieder auf. Wenn Sie also nur EIN HOLZSCHEIT haben, passiert gar NICHTS.

Wenn Sie ZWEI HOLZSCHEITE haben, haben Sie eine FLAMME.

Wenn Sie DREI HOLZSCHEITE zusammenlegen, haben Sie ein kleines FEUER. Wenn Sie VIER HOLZSCHEITE zusammenlegen, haben Sie ein LODERNDES FEUER!

Mit Menschen ist es das Gleiche. Wenn Sie das nächste Mal mit jemandem verabredet sind, den Sie Ihrem Sponsor vostellen wollen, zum Beispiel in einem Restaurant, und als erster eintreffen (und Sie zunächst alleine sind), achten Sie darauf, wie viel ENERGIE um den Tisch herum vorhanden ist (oder nicht vorhanden ist).

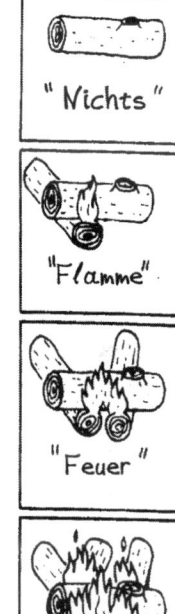

Beachten Sie, wenn Ihr Sponsor ankommt und Sie nun zu zweit sind, wie viel MEHR AN ENERGIE dann vorhanden ist!
Sie beide sind dort, um sich mit jemandem zu treffen, und wenn dieser eintrifft, ist SOGAR NOCH MEHR ENERGIE da.

Wenn dann auch noch eine vierte Person dazukommt, geht es richtig los! Wir nennen dieses „Auflodern" gerne die „BRUTZEL-SITZUNGEN". Ihr NWM-Programm ist das „Steak", und jeder weiß: Das Brutzeln, der verlockende Geruch verkauft das Steak!

Sie möchten sich also mit Ihrem Sponsor treffen und die Servietten- Präsentationen gemeinsam mit ein oder zwei Leuten aus Ihrer Downline durchgehen. Bringen Sie Ihre Einsteiger zum „Brutzeln", schüren Sie Spannung auf das, was auf sie zukommt.

Ein guter Ort für so ein Treffen ist ein Restaurant. Wählen Sie eine Uhrzeit, zu der wenig los ist, zum Beispiel gegen 10 oder 14 Uhr. Sie können auch einen festen Zeitplan aufstellen, so dass Ihre Downline weiß, wo Sie sich zu bestimmten Zeiten während der Woche aufhalten. Das verstärkt den Eindruck, dass jeder unterwegs ist, um Feuerholz zu sammeln, um das Feuer zum LODERN zu bringen.

Wenn Sie jemanden zu so einer „Brutzel-Sitzung" mitbringen, der ein wenig skeptisch ist (ein feuchtes Scheit), und ihn mit den „LODERNDEN" Flammen bekannt machen, trocknet er und wird Teil des Feuers.

Was würde aber passieren, wenn Sie als Neueinsteiger im Geschäft ganz allein sind und mit einem skeptischen Menschen sprechen? Das wäre so, als legten Sie ein feuchtes Holzscheit auf nichts.

Sagen wir mal, Sie sind ein kleiner Zweig, jemand, der gerade erst mit dem Geschäft startet. Ihr Sponsor, der schon länger im Geschäft ist, ist ein HOLZSCHEIT. Ein HOLZSCHEIT und ein ZWEIG können zusammen eine FLAMME schaffen. Eine weitere Person dabei zu haben, kann einen großen Unter-

schied ausmachen. Das gibt Ihrem Sponsor die Gelegenheit, jemanden eine Unterhaltung mit anhören und darüber nachdenken zu lassen. Wenn ich beispielsweise Josef etwas mitteilen möchte und ich ihn direkt anspreche, hört er vielleicht nicht richtig zu und bekommt nicht mit, was ich sage. Aber wenn ich mit Karin spreche, und weiß, dass Josef mithört … es ist schon erstaunlich, wie viel mehr Menschen von Gesprächen mitbekommen, bei denen sie mithören, als wenn man sie direkt anspricht.

Noch etwas zu den „LODERNDEN FLAMMEN" in einem Restaurant: Sie setzen sehr viel Energie frei! Dort sind zuweilen Menschen anwesend (sogenannte „Lauscher"), die eventuell einige der Gespräche mithören. Sie können sie daran erkennen, dass sie sich zurücklehnen und so versuchen, mehr zu hören, usw. SEIEN SIE SICH DARÜBER IM KLAREN, dass einige dieser Restaurantgäste SEHR interessiert sein könnten. Wenn Sie mit Ihrer „Brutzel-Sitzung" fertig sind und sich voneinander verabschieden, BLEIBEN Sie selbst noch ein paar Minuten länger. Geben Sie den Lauschern die Gelegenheit, Sie anzusprechen. Sie werden nicht herüberkommen, wenn eine Gruppe von vieren am Tisch sitzt, doch wenn Sie allein sind, schon eher.

Ich beginne die „Brutzel-Sitzungen" immer damit, dass ich den Teilnehmern, wenn sie eintreffen, etwas Positives erzähle, was mit den Produkten oder in ihrer Organisation geschehen ist. Während wir dort sind, reden wir nur über das Geschäft. Wir versuchen nicht, die Nah-Ost- Krise oder andere Probleme auf der Welt zu lösen. Wir sind dort, um Gedanken auszutauschen, wie wir unser Geschäft aufbauen können und wie wir mit anderen über unser Geschäft reden sollen.

Wir beenden unsere Sitzungen immer mit ein paar Abschiedsworten wie diesen: „Überleg doch mal! Härter als heute müssen wir nie arbeiten!" Diese Begeisterung ist ansteckend, besonders wenn Neueinsteiger zu Ihrer Gruppe stoßen, die noch ihrer normalen Arbeit nachgehen und gehen müssen, weil ihre „Mittagspause" vorbei ist. Zu diesen Menschen, die jetzt wieder an ihre Arbeitsstelle zurückgehen müssen, sagen Sie dann vielleicht: „Bis dann, Martin, aber vergiss nicht …" Und er beendet vielleicht selbst Ihren Satz: „Ja ja, ich weiß. Härter als soeben wirst du niemals arbeiten." Martin wird motiviert sein und sich beeilen, möglichst schnell in die selbe glückliche Lage zu kommen wie Sie.

NOTIZEN

KAPITEL 10
Serviettenpräsentation Nr. 9
Motivation und Einstellung

Diese Serviettenpräsentation über MOTIVATION ist EINE DER WICHTIGSTEN Präsentationen. Sie vermittelt ein ausgezeichnetes Verständnis über das, was Menschen motiviert. Sie werden lernen, wie Sie mit den Menschen in Ihrem Team arbeiten müssen, um sie zu motivieren.

Fangen Sie an, indem Sie das Wort „MOTIVATION" oben auf Ihre Serviette oder Ihren Bierdeckel schreiben. Zeichnen Sie dann zwei Pfeile – einen, der nach unten zeigt, und den zweiten, der nach oben weist. Zeigen Sie auf, dass es zwei Arten von Motivation gibt: MOTIVATION NACH UNTEN und MOTIVATION NACH OBEN. Beschriften Sie die Pfeile. MOTIVATION NACH UNTEN ist das, was wir „heißes Bad" nennen, MOTIVATION NACH OBEN ist „beständig". Lassen Sie mich das erklären. Die meisten von Ihnen sind wahrscheinlich schon auf Hurra-Veranstaltungen zur Motivationssteigerung gewesen und haben sich dabei ertappt, übereifrig mitzumachen, um bei dem Programm, an dem Sie beteiligt sind, (wieder) in Schwung zu kommen. In der Regel lässt die Begeisterung nach ein paar Wochen oder Monaten wieder nach. Die Parallele: Wenn Sie ein heißes Bad nehmen, kühlen Sie umso schneller ab, je heißer das Bad war.

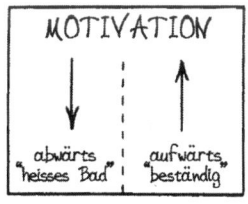

Ich habe Leute getroffen, die bei Motivations-Veranstaltungen waren, die über drei Tage gingen – und zwei Wochen nach ihrer Rückkehr waren sie total deprimiert. Warum? Drei Tage lang waren sie wie berauscht, durchaus auch wirklich motiviert - aber niemand sagte ihnen, WAS sie tun sollen und/oder WIE sie es tun sollen. Deshalb sind sie wieder ganz unten angelangt.

Sogar dieses Buch zu lesen ist wie ein „heißes Bad". (Ich komme gleich zur Motivation nach OBEN.) Seminare besuchen, sich mit Ihrem Sponsor treffen, ein Buch lesen, Produkte bewegen, sich mehr Wissen aneignen – all das sind Formen eines „heißen Bades" oder einer Motivation nach unten. Man kann allerdings nicht sagen, dass diese Aktivitäten schlecht sind, weil sie notwendig sind.

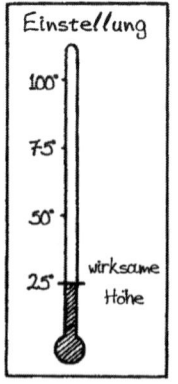

Bevor ich mich mit der MOTIVATION NACH OBEN befasse, möchte ich noch etwas über die Einstellung sagen. Stellen Sie sich vor, Sie sprechen mit jemandem über Ihr Geschäft. Ihr Gegenüber weiß überhaupt nichts darüber, somit ist seine Einstellung auf der Stufe Null. Sagen wir mal, Ihre Einstellung muss auf einer Stufe von mindestens 10 Grad liegen, damit das Gespräch mit ihm etwas bringt. Wenn Ihre Einstellung weniger als 10 Grad entspricht, sollten Sie mit niemandem reden, weil Ihre Gesprächspartner Sie nur noch weiter herunterziehen würden.

Stellen Sie sich vor, jemand, den Sie sponsern wollen, war auf Ihrer Präsentation. Er hat den Antrag unterschrieben, will einsteigen – und ist hellauf begeistert von dem Geschäft. Seine Einstellung liegt bei 20 Grad – er wird reich werden! Ohne auch nur das kleinste bisschen gelernt zu haben, geht er los und versucht andere für das Geschäft zu begeistern. Weil er nicht weiß, wie er damit umgehen soll, wenn er mit negativen Skeptikern konfrontiert wird, bekommt er selber eine negative Einstellung. Sogar wohlmeinende Freunde und Verwandte gehören zu den Skeptikern. Vielleicht weil sie durch jemanden anderen desillusioniert worden sind, der sie nur „einschrieb", weil er durch ihre Arbeit „schnell reich werden" wollte, statt den Willen zu zeigen und in der Lage zu sein, ihnen beim Aufbau ihres Geschäftes zu helfen, ein wirklicher „Sponsor" zu sein, der die Verpflichtung einging, zunächst anderen zu helfen, statt auf den eigenen Vorteil zu achten.

Die Einstellung eines solchen Neueinsteigers wird dann unter die 20-Grad-Marke sinken. Sie treffen ihn wieder und gehen auf seine Einwände und Fragen ein. Daraufhin steigt seine Einstellung wieder, vielleicht auf 22 Grad. Diesmal dauert es ein bisschen länger, bis sie erneut auf unter 20 Grad abfällt.

DIE FRAGE IST: Wie wäre es, wenn Sie DIE GANZE ZEIT eine Einstellung auf einer Stufe um die 20 Grad HÄTTEN? Anders gesagt, Sie wollen nicht ständig auf- und abbaumeln wie ein JOJO, sondern Sie wollen GLEICHMÄSSIG motiviert sein. Die einzige Möglichkeit, wie Sie das erreichen können, ist durch MOTIVATION NACH OBEN – da MOTIVATION NACH OBEN GLEICHMÄSSIG ist.

Hier nun die Erläuterungen zur MOTIVATION NACH OBEN: Sie haben einen Sponsor. Ihr Sponsor (SP) hilft Ihnen, Menschen FÜR SIE zu sponsern. Wir starten mit fünf. Bedenken Sie: Wenn Sie 5 Leute sponsern, haben Sie nur 10 Grad erreicht. Ein Fehler, den es zu vermeiden gilt, ist, mehr Personen zu sponsern als eine effektive Arbeitsweise zulässt. Sie mögen zwar jeweils zwei Grad hinzufügen, diese gehen aber genau so schnell wieder verloren.

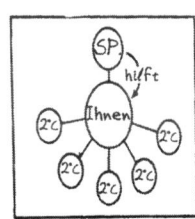

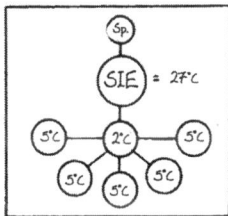

Ihr Sponsor hat Ihnen also geholfen, 5 Menschen zu sponsern, und im Gegenzug helfen Sie diesen 5, 5 weitere Menschen zu sponsern, die für Ihre Frontliner jeweils 2 Grad hinzufügen. Diese 2 Grad sind jedoch 5 Grad für Sie selbst. Alle Zugänge auf Ihrer zweiten Ebene sind für Sie jeweils 5 Grad wert. BEACHTEN SIE FOLGENDES: Wenn Sie auch nur einem dieser 5 Frontliner helfen, 5 weitere Menschen zu sponsern, bringt Sie das über 25 Grad hinaus.

Schauen Sie nun, was passiert, wenn Sie Ihren Leuten beibringen, eine weitere Ebene nach unten zu sponsern. Die dritte Ebene erwärmt Sie um 10 Grad. Die vierte um 20 Grad. Je tiefer Sie hinuntergehen, umso heißer wird es! Sie werden dieses Phänomen erst zu schätzen wissen, wenn es das erste Mal eintritt. Und dann werden Sie sich wünschen, dass es auch für Ihr Team so schnell wie möglich eintritt. Wenn Ihre Frontliner es erleben, werden sie BEGEISTERT sein!

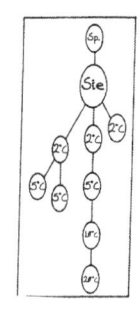

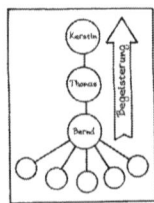

Hier ein Beispiel: Kerstin sponsert Thomas, und Thomas sponsert Bernd. Kerstin bekommt einen Anruf und erfährt, dass Bernd sich letzte Woche aufgemacht und fünf ernsthaft interessierte Leute gesponsert hat – er hängt sich also wirklich rein! Das BEGEISTERT alle Sponsoren die ganze Linie hoch. Zeichnen Sie den Pfeil dafür so, dass er NACH OBEN geht. Deshalb nennen wir das „MOTIVATION NACH OBEN".

Sie müssen denjenigen, die Sie gesponsert haben, dabei helfen, ihre eigenen Leute zu UNTERSTÜTZEN. Lassen Sie mich eine Ausnahme aufzeigen. Wenn Sie jemanden für das Geschäft sponsern, ist dieser ein Silber-Schiff: Er ist begeistert, aber er arbeitet noch nicht ernsthaft.

Jeder hat mindestens einen Freund. Treffen Sie sich mit Ihren Leuten. Helfen Sie ihnen, einige ihrer Freunde zu sponsern, die als Silber-Schiffe einlaufen. UNTERSTÜTZEN Sie Ihre Leute dabei, ihren Freunden zu helfen, noch mehr Freunde in Ihre 3. Ebene und tiefer zu sponsern. Plötzlich finden Sie irgendwo in Ihrer Downline jemanden, der sich als GOLD-SCHIFF herausstellt. Dann machen Sie Folgendes: Gehen Sie hinunter und arbeiten Sie mit diesem ersten wirklichen GOLD in jener Linie. Der Effekt ist, dass die Silberschiffe sich während dieses Unterstützungsprozesses ebenfalls zu Gold entwickeln.

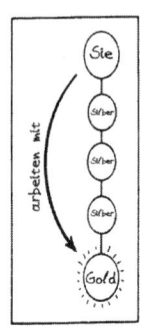

Und so „verwandeln" Sie die Silberschiffe: Sehen Sie zu, dass sie Leute unter sie platzieren. Wenn einer davon richtig Dampf macht (sich als Gold-Schiff heraus-stellt), wird sich der Silberne, der ihn gesponsert hat, sagen: „Hoppla, ich sollte mich mal am Riemen reißen!"

Nichts motiviert Menschen mehr, als jemand, der unter ihnen ist und ETWAS TUT. Es heißt: „Man kann einen Menschen schneller und wirkungsvoller mo-tivieren, wenn man eine Kerze unter seinen Stuhl stellt, als wenn man ihm eine Lötlampe an den Kopf hält."

Zum Abschluss: Das Einzige, was Sie nicht tun dürfen, ist, die Menschen, die Sie gesponsert haben, von Ihnen abhängig werden zu lassen. Ihre Frontline darf nicht dauerhaft auf Sie angewiesen sein, sonst funktioniert das Ganze nicht. Es muss ein Zeitpunkt kommen, ab dem Ihre Leute Sie nicht mehr brauchen. Unserer Meinung nach ist dieser Zeitpunkt dann gekommen, wenn Ihre Leute in der Lage sind, ihren eigenen Leuten alle zehn Serviettenpräsentationen bei-zubringen – dann wissen sie nämlich alles, um eine starke Organisation aufzu-bauen. Und Sie selbst können sich nach einer anderen ernsthaft interessierten Person als Ersatz umschauen.

Sehen wir uns zum besseren Verständnis folgendes Beispiel an: Stellen Sie sich vor, Sie haben Susi gesponsert. Sie sagen zu ihr: „Susi, nehmen wir an, du bist die Sonne. Die Sonne hat mehr Energie als alles andere, was wir kennen." (Das ist so etwas wie ein indirektes Kompliment.) „Derjenige, den du (Susi) spon-serst, ist wie ein Topf mit Wasser."

(ANMERKUNG: Sie selbst haben Susi zwar gesponsert, aber übernehmen Sie jetzt bitte nicht die Rolle der Sonne und bezeichnen Susi als einen Topf Wasser – das wäre nicht sonderlich schmeichelhaft.)

Nun gibt es in Ihrer Gruppe also eine „Sonne". Wann wird das Wasser kochen?

Wenn Sie den Topf nehmen und ihn am heißesten Tag des Jahres an den heißesten Platz in der Wüste stellen, wird das Wasser noch immer nicht kochen. 100 Grad Celsius sind nötig, um das Wasser zum Kochen zu bringen. Es kocht nicht bei 98 und auch nicht bei 99 Grad, es müssen 100 Grad sein.

Merken Sie sich also: Wenn Ihre Einstellung 100 Grad Celsius entspricht, jedoch nur 10 Grad nötig sind, um effektiv zu arbeiten, können Sie jederzeit mit jedem darüber sprechen, was Sie tun. Das ist die Richtung, in die Ihre Einstellung sich entwickelt. Die Sonne kann das Wasser nicht zum Kochen bringen. Ihr Sponsor kann das Wasser auch nicht zum Kochen bringen. Und die Motivationsweisen, die wie ein „heißes Bad" wirken, können es erst recht nicht.

Auch wenn alle Spitzenleute von allen NWM-Unternehmen in die Stadt zu einer Motivationsveranstaltung zusammenkommen und Sie an all dem teilnehmen – Ihr Wasser würde trotzdem nicht kochen. Diese Leute können Ihre Einstellung zwar über die wirksame 25-Grad-Marke bringen, aber nur Sie selbst können Ihr Wasser zum Kochen zu bringen. Und vergessen Sie nicht: Ihr Sponsor wird Ihnen helfen.

Anders gesagt: Sie kennen einige Menschen, die Ihr Sponsor nicht kennt. Ihr Sponsor begleitet Sie und hilft Ihnen, jemanden zu sponsern. Sobald Sie jemanden sponsern, zünden Sie damit den Brenner unter dem Topf an. Mit fünf Gesponserten steht Ihr Topf auf fünf Brennerflammen, der Höchstanzahl, die der Topf ohne Energieverluste bedecken kann. Damit kocht das Wasser aber noch nicht. Die Temperatur beträgt nur 10 Grad, wenn Ihre 5 Leute noch niemanden gesponsert haben.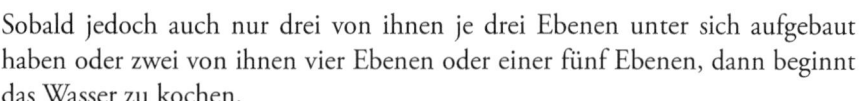

Sobald jedoch auch nur drei von ihnen je drei Ebenen unter sich aufgebaut haben oder zwei von ihnen vier Ebenen oder einer fünf Ebenen, dann beginnt das Wasser zu kochen.

Jede Kombination, die 100 ergibt, bringt das Wasser zum Kochen. Wenn das Wasser kocht, kann die Sonne (der Sponsor) sich zurückziehen und das Wasser wird trotzdem weiter kochen. Wenn Sie jemandem dies gezeigt haben und ihn dann anrufen, ist diesem Menschen klar, dass Sie anrufen, um ihm zu helfen. Sie rufen nicht an, um ihm eine Lötlampe an den Kopf zu halten, sondern um zu sehen, ob Sie einen weiteren Brenner anzünden oder die Temperatur der bereits angezündeten erhöhen können. Sie wollen ihm helfen, sein Wasser zum Kochen zu bringen. Je tiefer Sie in der Gruppe hinuntergehen, umso heißer wird der Brenner.

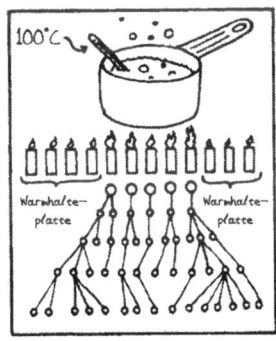

Wenn Sie erst einmal jemanden haben, dessen Wasser kocht, wird das ähnlich aussehen wie auf der Beispielzeichnung links.

Denken Sie aber daran, dass Sie auch andere Leute gesponsert haben. Der Erste, den Sie „zum Kochen bringen", ist nicht unbedingt der Erste, den Sie gesponsert haben. Es ist derjenige, der als Erster angefangen hat, ernsthaft zu arbeiten, Tiefe in seine Organisation gebracht hat und dies am Laufen hält.

Wenn das Wasser dort erst einmal kocht, können Sie wieder mit 5 ernsthaften Interessenten arbeiten. Denken Sie daran, dass der Topf nur auf fünf Flammen gleichzeitig stehen kann. (Dieser Grundsatz wurde in der ersten Präsentation in Kapitel 2 eingeführt.) Wenn Sie 15 Menschen gesponsert haben, können Sie trotzdem nur mit 5 gleichzeitig effektiv arbeiten. Es kann aber durchaus sein, dass Sie 10 oder 15 sponsern mussten, um diese 5 ernsthaften zu finden. Was passiert mit den anderen? Sie stellen Sie sozusagen auf Warmhalteplatten ab.

Wenn also bei einem oder mehreren Ihrer „5" das Wasser kocht, gehen Sie nicht gleich los, um brandneue Leute zu sponsern, sondern schauen Sie auf den Warmhalteplatten nach und teilen Sie den Leuten dort mit, was sich so tut. Es kann durchaus sein, dass diese Menschen zum Zeitpunkt, als sie gesponsert wurden, noch nicht bereit waren, sich ernsthaft einzusetzen, doch dass sie jetzt bereit sind. Vielleicht wollten sie auch einfach nur abwarten, um zu sehen, ob das Programm für Sie gut laufen wird. Also: Sehen Sie auf den Warmhalteplatten nach!

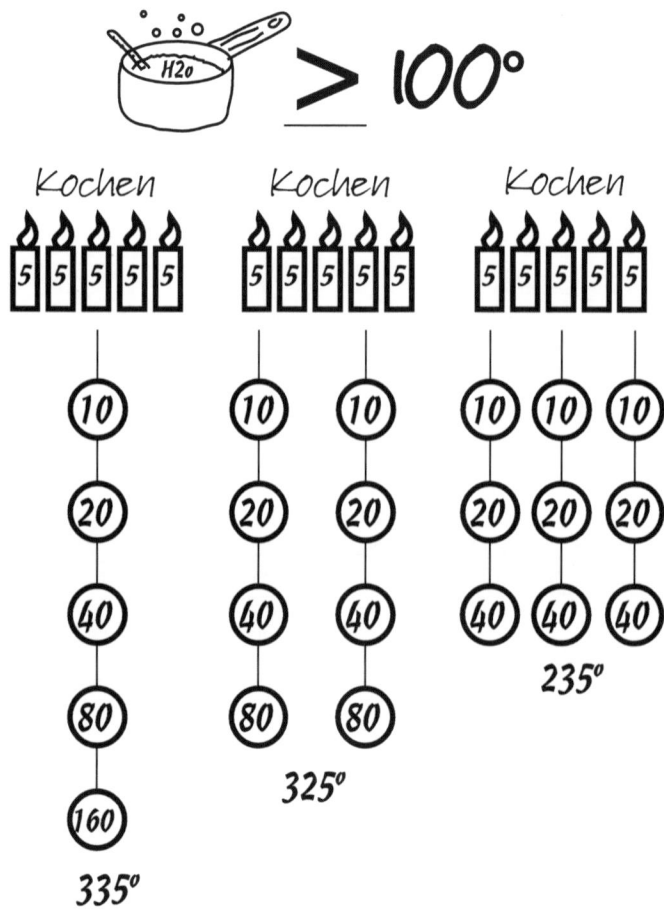

NOTIZEN

NOTIZEN

KAPITEL 11
Serviettenpräsentation Nr. 10
Das Fünfeck des Wachstums

Die FÜNF ist überall in diesem Buch die „magische" Zahl. Da ist es passend, dass diese letzte Präsentation aus einem kleinen fünfseitigen Ausflug in die Mathematik besteht, der immer Spaß macht und auch als SELBSTMOTIVATOR dienen kann, wenn Sie ihn vorführen.

Dieses „Fünfeck des Wachstums" veranschaulicht sehr überzeugend die SCHNELLIGKEIT, mit der Ihre Organisation wachsen kann, wenn Sie die Prinzipien verinnerlichen, die wir in diesem Buch behandeln.

Fangen Sie an, indem Sie ein Fünfeck zeichnen, und schreiben Sie das Wort „Sie" in seine Mitte. Wir berücksichtigen einen Schulungsmonat und entwickeln unsere Organisation dann in Zwei-Monats-Schritten. (Sie können allerdings auch einen anderen Zeitrahmen verwenden, der Ihnen besser passt.)

Sie steigen ins Geschäft ein, und in zwei Monaten haben Sie fünf Personen gesponsert, die ihr Leben wirklich in den Griff bekommen wollen. (Schreiben Sie 2M-5 an die Seite des Fünfecks wie in der Abbildung „2 Monate".)

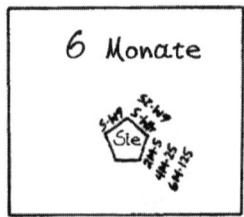

Nach weiteren zwei Monaten (also nach vier Monaten) konnten die fünf vom zweiten Monat, denen beigebracht wurde, das zu tun, was Sie tun, 25 weitere Vertriebspartner gewinnen - Ihre zweite Ebene.

Während desselben Zeitraums haben Sie fünf weitere ernsthaft interessierte Einsteiger für Ihre erste Ebene gesponsert. Ihr Fünfeck sieht nun aus wie das Obige.

Nach sechs Monaten haben Sie vielleicht 125 Leute auf der dritten Ebene, unter Ihren fünf „Ursprünglichen", dazu 25 auf der zweiten Ebene unter Ihrer zweiten Fünfer-Gruppe, und Sie haben eine dritte Fünfer-Gruppe aufgebaut.

Nach acht Monaten sieht Ihr Fünfeck eventuell wie das Beispiel links aus.

Geben Sie an dieser Stelle die Serviette (oder den Bierdeckel) Ihrem Schüler. Geben Sie ihm einen Stift, und lassen Sie ihn das Bild für den Zeitraum von zehn Monaten vervollständigen.

Ziehen Sie bei der ursprünglichen Gruppe nach zehn Monaten eine Linie (10M___), da die Zahl zu groß ist, um damit etwas anfangen zu können. Sie ist über 3.000 (genau 3.125). Das Beispiel rechts zeigt, wie es nun aussehen sollte.

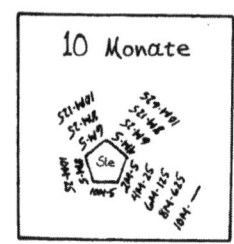

Gehen Sie noch einmal rund um das Fünfeck und erweitern Sie es auf ein Jahr. Um wirklich deutlich zu machen, wie das Bauen in die Tiefe Ihre Organisation schnell wachsen lässt, streichen Sie alle Gruppen außer der unter Ihrem ersten Fünfer-Team durch. Machen Sie Ihre Zuhörer darauf aufmerksam, dass, wenn sie nichts weiter tun, als nur diese eine Gruppe aufzubauen (und keine der durchgestrichenen), ihr Verdienst nach einem Jahr mindestens 6.000 Euro pro MONAT betragen wird, je nach dem „Fahrzeug", das sie benutzen.

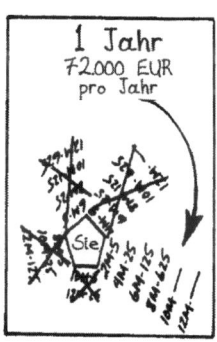

Der Hauptzweck dieser Übung ist einfach, zu zeigen, wie wichtig es ist, in der Gruppe NACH UNTEN zu arbeiten und zwar zusammen mit den Personen, die Sie sponsern - und DIESEN BEIZUBRINGEN, DAS GLEICHE ZU TUN.

JETZT KÖNNEN SIE LOSLEGEN!

NOTIZEN

KAPITEL 12
Wieder zur Schule gehen

IHRE EINSTELLUNG kann einen großen Unterschied ausmachen, wenn Sie sich bemühen, einen neuen Vertriebspartner zu sponsern. Die meisten Vertriebspartner scheinen die Einstellung zu haben: „Wen kann ich für mein Geschäft begeistern?" Ich glaube, die richtige Einstellung ist: „Wem werde ich als Nächsten die Chance bieten, sich aus dem Arbeitsleben zurückzuziehen?" Wenn Sie daran glauben, dass man sich innerhalb von ein bis drei Jahren wohlhabend aus dem Arbeitsleben zurückziehen kann, und wenn Sie wüssten, wie Sie diese Möglichkeit in einer nur zweiminütigen Präsentation darstellen können, warum sollten Sie diese Chance einem Fremden eröffnen, und nicht jemandem, den Sie kennen?

Um nach ein bis drei Jahren mit mindestens 50.000,-- Euro Jahreseinkommen in Ruhestand gehen zu können, muss man gewillt sein, wieder zur Schule zu gehen. Man kann alles lernen, was man wissen muss, wenn man sechs Monate lang nur fünf bis zehn Stunden pro Woche seiner Wissenserweiterung widmet. „In Ruhestand gehen" bedeutet einfach „nicht arbeiten zu gehen, es sei denn, man hat Lust dazu." Wenn jemand zu Ihnen sagt, er würde der Sache 30 Tage Zeit geben, um zu sehen, ob es funktioniert, verschwenden Sie mit ihm nicht Ihre Zeit. Man kann kein Fundament in 30 Tagen schaffen. Dazu braucht man mindestens sechs Monate.

Die Schule, von der ich spreche, ist eine Schule zum MITMACHEN. Wenn Sie Ihr Haus für Ihre wöchentliche Schulungssitzung verlassen, an dem Treffen teilnehmen, danach einen Kaffee trinken und wieder nach Hause fahren, haben Sie schon drei bis fünf Stunden aufgewandt. Die restliche Zeit verbringen Sie damit, sich motivierende CDs oder CDs über Ihr Programm anzuhören, sich mit Ihrem Sponsor zu treffen, an „Brutzel-Sitzungen" teilzunehmen, Gespräche mit Interessenten zu führen usw. All das können Sie neben all den sonstigen Dingen tun, die Sie bislang gemacht haben, bevor Sie ins Network Marketing einstiegen.

Auf Seminaren, die ich in der ganzen Welt gehalten habe, habe ich immer wieder die Frage gestellt: „Kennt jemand ein vierjähriges Universitätsstudium, nach dessen Abschluss Sie damit rechnen können, dass Sie sich nach ein bis drei Jahren mit mehr als 50.000-- Euro Jahreseinkommen aus dem Arbeitsleben zurückziehen werden?" Niemand konnte mir bisher ein solches Studium nennen. Niemand auf der ganzen Welt kennt ein Universitätsstudium, das auch nur annähernd diese Möglichkeit bietet. Das ist das Tolle am NWM. Sie können tatsächlich in sechs Monaten alles lernen, was Sie wissen müssen, um sich in ein bis drei Jahren zur Ruhe zu setzen.

Erinnern Sie sich an Ihre Zeit an der Universität, als Sie in die Buchhandlung gingen und Bücher für das Semester kauften? Große, schwere, dicke Lehrbücher. Sie konnten es kaum erwarten, wieder in Ihr Zimmer zurückzukehren, um endlich mit Ihrem Studium zu beginnen. Erinnern Sie sich, wie Sie das Ende des Semesters kaum erwarten konnten, um endlich über den Stoff geprüft zu werden? Hat Sie jemand dafür bezahlt, dass Sie zur Schule gingen? Wenn Sie vier Jahre lang ohne Bezahlung zur Universität gegangen sind und keinerlei Hoffnung darauf hatten, sich in ein bis drei Jahren zur Ruhe setzen zu können, warum sind Sie dann so besorgt, dass Sie in Ihren ersten Monaten im NWM nur so wenig verdient haben? Bedenken Sie, dass Sie zur Schule gehen. Zur NWM-Schule.

Manche Neueinsteiger sind schon nach ein paar Wochen entmutigt. Ich glaube nicht, dass sie das Recht haben, entmutigt zu sein, solange sie nicht mindestens sechs Monate lang zur NWM-Schule gegangen sind. Lassen Sie sich mal von einem Medizinstudenten operieren, der erst ein paar Wochen an der Uni ist. Sie wären sicherlich nicht begeistert von dem Ergebnis.

Wie lange übt ein Arzt, ein Rechtsanwalt, ein Zahnarzt oder ein anderer Freiberufler seinen Beruf aus? Die Antwort wird ab dem Zeitpunkt des Universitätsabschlusses berechnet und nicht ab dem ersten Tag an der Uni. Wenn Sie jemanden im NWM fragen, wie lange er schon im Geschäft ist, rechnet er ab dem ersten Tag, an dem er sich eingeschrieben hat. Wenn Sie die Zeit nachrechnen, die Sie im NWM sind, sollten Sie eigentlich erst ab dem Zeitpunkt rechnen, ab dem Sie wussten, was Sie tun.

Sie werden nur dann enttäuscht, wenn Sie etwas erwarten und es nicht bekommen oder es sich nicht einstellt. Allzu viele Vertriebspartner erwarten bei ihrem Einstieg ins NWM, von Anfang an gleich viel Geld zu verdienen. Doch zuerst müssen Sie zur Schule gehen. Das dauert mindestens sechs Monate. Denken Sie an die Studenten an der Universität. Nach sechs Monaten als Erstsemestler haben sie noch dreieinhalb Jahre vor sich, bevor sie soweit sind, sich nach einer Arbeitsstelle umzusehen.

Um im NWM wirklich erfolgreich zu sein, müssen Sie anderen beibringen, erfolgreich zu sein. Ihre Anfänger sollten aufhören, sich über die Höhe ihres Einkommens Gedanken zu machen. Stattdessen sollten sie sich lieber stärker um ihre Downline kümmern, sie schulen und mit ihr arbeiten. Je schneller sie das tun, desto schneller werden sie im NWM erfolgreich sein. Aber das braucht Zeit. Bevor Sie andere unterrichten können, müssen Sie selbst erst einmal lernen, was zu tun ist.

Wenn Sie Vertriebspartner in Ihrer Organisation haben, denen es schwer fällt, ihre Freunde anzusprechen, liegt das sehr wahrscheinlich daran, dass sie nicht wirklich glauben, sich in ein bis drei Jahren zur Ruhe setzen zu können. Oder sie wissen nicht, wie sie das bewerkstelligen können. Es folgt nun eine einfache Präsentation, die Sie nutzen können, um darzustellen, wie man in sechs Monaten bis drei Jahren ein hohes Einkommen erzielen kann. Das Erlernen dauert nur ein paar Minuten und das Vorführen etwa zwei Minuten. Diese Präsentation ist eine Variante der Serviettenpräsentation Nr. 1 aus Kapitel 2.

Nehmen wir an, Sie haben einen neuen Vertriebspartner und fragen ihn: „Glauben Sie, dass Sie bis zum Ende Ihres ersten Monats unter all den Menschen, die Sie kennen oder mit denen Sie sich mit meiner Hilfe treffen können, fünf Personen sponsern können? Leute, die gerne wissen würden, wie man sich innerhalb von ein bis drei Jahren zur Ruhe setzen kann?"

Die meisten werden antworten: „Jeder, den ich kenne, würde das gerne tun." Machen Sie nicht den Fehler, mit Ihrem Vertriebspartner loszugehen und fünf Personen auf einmal anzusprechen. Gehen Sie lieber fünfmal los und sprechen Sie mit jeder Person einzeln. Bei einer Zusammenkunft mit allen fünf könnte Ihnen eine negative Person die anderen vier verscheuchen. Außerdem bekommt Ihr Vertriebspartner die Präsentation so fünfmal zu hören statt nur einmal. Mit diesem Training wird er in der Lage sein, jeden seiner Neuen fünfmal zu begleiten. Er wird ein Experte darin werden, während er an den Interessenten seiner Vertriebspartner übt - so wie Sie ein Experte darin geworden sind, während Sie an seinen Interessenten geübt haben.

Wenn Sie innerhalb Ihrer ersten 30 Tage fünf ERNSTHAFT INTERESSIERTE Personen sponsern können, müssten Sie in der Lage sein, ihnen innerhalb von drei Monaten beim Sponsern von je fünf weiteren Vertriebspartnern zu helfen. Wenn Ihre Vertriebspartner dann jeweils ihren eigenen fünf Leuten helfen und Sie ihnen dabei zur Seite stehen, unterstützen Sie Ihre Downline und bringen Ihrem Team bei, das Gleiche zu tun. Innerhalb von sechs Monaten sollten Sie auf der dritten Ebene arbeiten. Was ist, wenn es ein Jahr dauert? Bei dieser Präsentation stehen die Bindestriche (-5-) neben der 5, der 25 und der 125 für Ihre Kunden, die zu Großhandelspreisen kaufen, bzw. diejenigen, die sich nur eingeschrieben haben, um Sie loszuwerden. Ihre Präsentation sollte nun folgendermaßen aussehen:

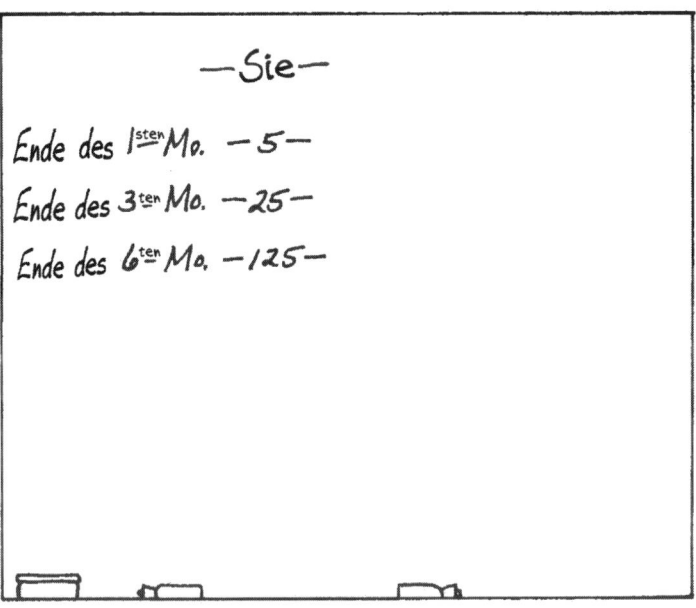

Zu diesem Zeitpunkt haben Sie insgesamt 155 Vertriebspartner in Ihrer Organisation, die ERNSTHAFT bei der Sache sind.

Wenn Sie Ihr Geschäft richtig aufbauen, indem Sie anderen die Geschäftsgelegenheit vorstellen, sind immer einige Leute dabei, die diese Geschäftsgelegenheit nicht wahrnehmen. Viele von ihnen werden Kunden im Großhandel oder im Einzelhandel.

Sagen wir, jeder Vertriebspartner in Ihrer Organisation hat mindestens zehn Kunden aus seinem Freundeskreis. Wenn Sie zehn Kunden mit 155 Networkern multiplizieren, sind das 1.550 Kunden aus dem Freundeskreis. Da alle Ihre Vertriebspartner auch Kunden sind, addieren Sie die 155 zu den 1.550, macht 1.705 Kunden. Beachten Sie jedoch auch, dass ein Vertriebspartner-Kunde mehr Produkte kaufen wird als ein Freund-Kunde.

Dafür gibt es drei Gründe:

1) Er ist vertrauter mit der gesamten Produktlinie.

2) Er kann die Produkte zu Großhandelspreisen kaufen und ist im persönlichen Umgang mit diesen wahrscheinlich großzügiger.

3) Er kauft Produkte, um sie als Proben zu verschenken. Sie sollten alle Ihre Vertriebspartner ermutigen, mit Proben zu arbeiten, und Sie selbst sollten das natürlich ebenfalls tun.

Die Linie unter „155" steht für Ihre eigenen Großhandelskunden, die nicht mitzählen. Das wäre nur noch ein weiteres Plus. Ihre Präsentation sieht zu diesem Zeitpunkt ungefähr folgendermaßen aus:

Multiplizieren Sie 1.705 mit 30 Euro und Sie erhalten den monatlichen Gesamtgruppenumsatz. Die meisten von Ihnen werden an Programmen beteiligt sein, bei denen der Eigenumsatz pro Person und Monat viel mehr als 30 Euro beträgt. Ich habe diese Zahl gewählt, um eher konservativ zu wirken. Sie wollen Ihren Interessenten ja nicht völlig von den Socken hauen. Deshalb fragen Sie auch bei der dritten Ebene: „Was wäre, wenn es ein Jahr und nicht nur 6 Monate dauern würde? Wäre es die Anstrengung dennoch wert?"

—Sie— 155 ernsthafte Vertriebspartner
Ende des 1sten Mo. —5—   × 10 Freunde/Kunden
Ende des 3ten Mo. —25—   1550 Freunde/Kunden
Ende des 6ten Mo. —125—   + 155 ernsthafte Vertriebspartner
‗ ‗ ‗ ‗ ‗ Privatabnehmer
1705 Kunden insgesamt

Wenn Sie 30 Euro mit 1.705 Kunden multiplizieren, kommen Sie auf einen Gesamtumsatz von 51.150,-- Euro. Weisen Sie darauf hin, dass Sie nach wie vor nur mit FÜNF ERNSTHAFTEN Vertriebspartnern arbeiten.

Bei einem Verkaufsumsatz von über 50.000 Euro pro Monat, Ihre Großhandelskunden nicht einmal mitgerechnet, sollten Sie zwischen 2.000 und 6.000 Euro pro Monat verdienen. Die Einkommensspanne von 2.000 bis 6.000 Euro pro Monat rührt daher, dass nicht jeder zehn Kunden aus seinem Freundeskreis haben wird, und manche werden mehr haben.

Zu diesem Zeitpunkt dürfte Ihre Präsentation 10 bis 15 Minuten gedauert haben. Jetzt ist der Zeitpunkt gekommen, die Frage zu stellen, die klarstellt, ob Ihr Interessent bereit ist, das Autofahren zu erlernen. Wenn er „Nein" sagt, gehen Sie direkt zu den Produkten über und gewinnen Sie ihn als Kunden. Wenn er „Ja" sagt, gehen Sie zur nächsten Präsentation über, bei der es um den Unterschied zwischen 5 und 6 geht. Wenn Sie diese Präsentation beendet haben, wird er mehr als bereit sein, Ihr Fahrzeug genau unter die Lupe zu nehmen.

Hier nun die 64-Euro-Frage: Wenn Sie in sechs Monaten 2.000 bis 6.000 Euro monatlich zu Ihrem jetzigen Einkommen dazu verdienen könnten, könnten Sie sich vorstellen, dafür wieder fünf bis zehn Stunden pro Woche in die Schule zu gehen, um zu lernen, wie das geht?

Diese Präsentation ist einfach und erklärt die Mechanismen, wie eine Organisation wachsen kann. Es ist eine Kombination aus dem Aufbau einer Organisation und dem Umstand, dass jeder eine Mindestmenge weiterverkauft. Jeder kann zehn Kunden aus seinem Freundeskreis gewinnen. Dazu muss man kein Verkäufer sein.

Am Ende sollte Ihre gesamte Präsentation folgendermaßen aussehen:

Ein ERNSTHAFTER Vertriebspartner im Sinne dieser Präsentation ist ein Vertriebspartner, der die folgende Verpflichtung eingeht: Er wird sich mindestens fünf bis zehn Stunden pro Woche über wenigstens sechs Monate damit beschäftigen. Nur so kann er das Geschäft erlernen.

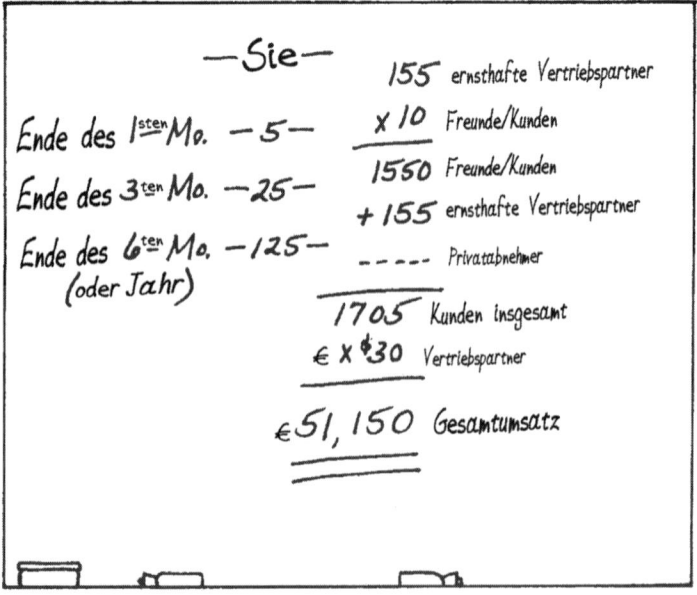

NOTIZEN

NOTIZEN

KAPITEL 13
Mit Zahlen spielen,
um ein Argument anzubringen

WAS tun Sie, wenn jemand aus Ihrer Frontline (das sind persönlich gesponserte Vertriebspartner) an den Punkt gelangt, an dem er Sie nicht mehr braucht? (Siehe Serviettenpräsentation Nr. 9 in Kapitel 10.) Sie sind jetzt frei für das Sponsern eines weiteren Kandidaten und den Aufbau einer neuen Linie. Die Definition einer Linie ist eine Reihe eines Vertriebspartners Ihrer Organisation, die mindestens drei Ebenen tief ist.

Anstatt sich zu fragen, wen Sie nun ins Geschäft bringen könnten, können Sie jetzt eine Auswahl treffen. Unter all den Menschen, die Sie kennen gelernt haben, während Sie mit Ihren ersten fünf ERNSTHAFTEN Vertriebspartnern in die Tiefe bauten, wählen Sie eine Person aus, die eine Gelegenheit erhält, sich frühzeitig zur Ruhe zu setzen.

Es ist ein tolles Gefühl, zu erkennen, dass Sie jemanden auswählen können, der diese Chance bekommt. Sie haben viel Macht in Ihren Händen, wenn Sie alles vollkommen verstehen und den Glauben haben.

Sie haben jetzt sechs zuverlässige Kandidaten in Ihrer Frontline. Weisen Sie auf den Unterschied zwischen fünf und sechs hin, der natürlich eine Person ist. Rechnen Sie in der Gruppe nach unten durch: Sechs mal sechs macht 36. Fünf mal fünf macht 25. Die Differenz zwischen 36 und 25 beträgt 11. Machen Sie das noch einmal. Fünf mal 25 beträgt 125. Sechs mal 36 beträgt 216 und die Differenz zwischen 216 und 125 ist 91. Ihre Präsentation sollte an dieser Stelle ungefähr so aussehen:

Alle Programme, die Breakaways vorsehen, zahlen weit über fünf Ebenen hinaus und die meisten Unilevel-Programme zahlen sieben Ebenen tief. Fahren Sie in der Fünfer-Gruppe fort zu multiplizieren, bis Sie die siebte Ebene erreichen.

Ihre Präsentation sollte nun wie folgt aussehen:
Diese Präsentation ist einfach zu erlernen. Merken Sie sich: Wenn Sie in der Säule bei 125 ankommen, sind die letzten drei Stellen der folgenden Zahlen immer abwechselnd 125 und 625. Das geht so weiter, egal wie viele Ebenen Sie nach unten gehen. Sie müssen sich also nur 3, 15, 78 merken.

An diesem Punkt der Präsentation schlagen Sie Ihrem Vertriebspartner vor, dass er die Berechnungen alleine vervollständigen soll. Mit anderen Worten: Lassen Sie ihn 216 mal 6 rechnen (was 1.296 ergibt) und subtrahieren Sie davon 625. Das ergibt eine Differenz von 671. Lassen Sie ihn das bis zur siebten Ebene durchrechnen. Die Wirkung wird viel größer sein, wenn Sie es Ihren Interessenten selbst durchrechnen lassen.

Stellen Sie diese Frage: „Was kommt wohl bei der siebten Ebene heraus?"

Lassen Sie ihn raten. Die meisten kommen nicht mal auf ein annähernd richtiges Ergebnis. Die Differenz auf der siebten Ebene beträgt über 200.000! 201.811, um genau zu sein. Ihre Präsentation sollte nun wie folgt aussehen:

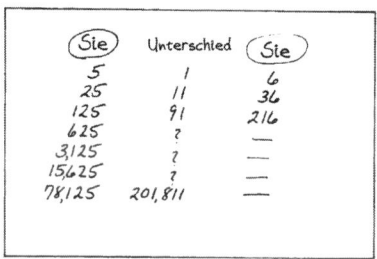

201.811 ist eindeutig ein ziemlich gewaltiger Unterschied. Weisen Sie Ihren Vertriebspartner darauf hin, dass, wenn einer das hier erst einmal verstanden hat, er erkennen wird, wie wichtig es ist, in die Tiefe zu bauen. Warum sich also Sorgen darüber machen, dass man nicht so viele Personen auf seiner ersten Ebene hat? Sie könnten sowieso nicht mit ihnen arbeiten. Wenn Sie zu viele Personen in Ihre Frontline sponsern, lassen Sie sich auf ein Spiel ein, das wir „Addieren und Subtrahieren" nennen. Ich spiele viel lieber das „Multiplikations"-Spiel, das wir Network Marketing oder kurz NWM nennen.

Alles, was Sie tun müssen, um dieses Spiel zu spielen, ist, Ihren Leuten beizubringen, drei Ebenen tief zu bauen. Wenn Ihnen das gelingt, haben Sie selbst fünf Ebenen. Zum Beispiel: Ich heiße Don, und ich sponsere Stefan. Ich sage zu Stefan: „Wenn du einer neuen Person zum Start verhilfst, ist das Wichtigste, was du ihr beibringen kannst, sicherzustellen, dass diejenigen, die er sponsert, so schnell wie möglich drei Ebenen tief aufbauen."

Bevor sie es sich's versehen, bringt dies automatisch die Servietten- Präsentation Nr. 9 über Motivation ins Spiel.

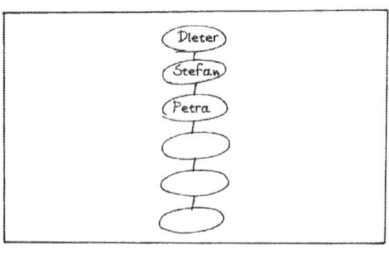

Stefan ist ein guter Schüler. Als er Petra sponsert, hilft er ihr und unterstützt sie beim Aufbau ihrer Downline, und er stellt sicher, dass sie drei Ebenen tief aufbaut. Das ist eine Variation der Serviettenpräsentation Nr. 2 und sollte wie das Schaubild auf der nächsten Seite aussehen.

Überprüfen Sie nun die Tiefe. Sie haben fünf Ebenen unter sich. Sie haben Stefan beigebracht, sicherzustellen, dass seine Vertriebspartner drei Ebenen tief aufbauen. Stefan wird seinem Team nun beibringen, was Sie ihm beigebracht haben, und Ihre Organisation wird noch weiter in die Tiefe gehen. Verstehen Sie jetzt, warum Lehrer im NWM so erfolgreich sind?

Die meisten „Verkäufer", die anfangen eine Organisation aufzubauen, glauben, dass dies ein Sponser-sponser-sponser-Geschäft ist. Aber eigentlich ist es ein Sponser-und-schule-sponser-und-schule-Geschäft. Sie werden erst im NWM erfolgreich sein, wenn Sie anderen beibringen, wie man erfolgreich wird.

Wenn Sie mit Ihrer Präsentation fortfahren und den Unterschied zwischen fünf und sechs auf der vierten Ebene aufzeigen, haben Sie 1.296 minus 625, macht eine Differenz von 671. Der Gesamtbetrag der Differenzen der ersten vier Ebenen ist 774. Die Zahl aller Ihrer Vertriebspartner links beträgt dann 780 und die Gesamtzahl rechts beträgt 1.554. Ihre Präsentation sieht nun wie folgt aus:

Sie	Unterschied	Sie
5	1	6
25	11	36
125	91	216
625	671	1296
Gesamt 780	774	1554

Machen Sie allein weiter. Multiplizieren Sie 780 oder 1.554 mit zehn Kunden aus dem Freundeskreis. Addieren Sie die Kunden aus dem Freundeskreis zu den Vertriebspartner-Kunden. Multiplizieren Sie diesen Gesamtbetrag mit 30 Euro pro Monat und multiplizieren Sie dann das Ergebnis mit zwölf Monaten. Denken Sie daran, dies beinhaltet noch nicht einmal die Kunden, die zu Großhandelspreisen einkaufen. Ist Ihnen jetzt klar, wie man sich in ein bis drei Jahren zur Ruhe setzen könnte? Sie können es nicht tun, wenn Sie in die Breite sponsern, sondern nur, wenn Sie in die Tiefe gehen.

Diese Präsentation ist eine Fortsetzung der Serviettenpräsentation Nr. 1.

$$
\begin{array}{ll}
780 & 1{,}554 \\
\times 10 & \times 10 \\
\hline
7800 & 15{,}540 \\
+\,780 & +\,1{,}554 \\
\hline
8{,}580 & 17{,}094 \\
\times \$30 & \times \$30 \\
\hline
€\,257{,}400/\text{Mo} & €\,512{,}820/\text{Mo} \\
\times \quad 12 & \times \quad 12 \\
\hline
€\,3{,}088{,}800/\text{Jahr} & €\,6{,}153{,}840/\text{Jahr}
\end{array}
$$

Freunde Kunden — Vertriebspartner Kunden — Monate

NOTIZEN

KAPITEL 14
Schulungstreffen und wöchentliche Geschäftspräsentationen

DIE MEISTEN MENSCHEN werden auf einer der wöchentlichen Geschäftspräsentationen ins NWM eingeführt. Da sie selbst über diese Schiene eingestiegen sind, denken sie, dass es bei diesem Geschäft nur um diese Geschäftspräsentationen geht und darum, Menschen hinzubringen. Nachdem sie eine Menge Personen eingeladen haben, hören sie damit auf, weil sie denken, dass schon genug zum Treffen kommen werden. Was passiert? Am Abend des Treffens erscheint niemand. So etwas kann sehr entmutigend sein.

Eine typische Geschäftspräsentation sieht ungefähr so aus: In einem Raum in einem Privathaus oder in einem Hotel werden Reihen von Stühlen aufgestellt. Vorne steht eine Tafel oder ein Flipchart. Eine Person in einem dreiteiligen Anzug hält eine Präsentation über die Firma, die Produkte und natürlich über den Marketingplan. Das Ganze dauert meistens ungefähr eine bis anderthalb Stunden.

Unter den 22 Leuten, die erschienen sind, sind 19 Vertriebspartner und drei neue Gäste. Die meisten der eingeladenen Gäste sind nicht einmal erschienen. Der Veranstalter spricht zu den Gästen. Er spricht tatsächlich nur zu drei von den 22 Anwesenden! Für den Vertriebspartner, der schon mehrere Male daran teilgenommen und immer wieder die gleiche Präsentation gesehen hat, wird das ziemlich langweilig. Ihm beginnen diese Treffen zum Hals herauszuhängen. Während der Präsentation beobachtet man die Gäste und nimmt ihr zustimmendes Nicken zur Kenntnis, wenn der Redner über die Firma, die Produkte und den Marketingplan spricht. Trotz all dieser positiven Körpersprache lehnen Ihre Gäste die Gelegenheit manchmal ab, wenn sie gefragt werden, ob sie sich vorstellen können, einzusteigen. Warum? Es ergibt doch keinen Sinn, dass sie angeblich alles gut finden, was sie gehört und gesehen haben und dennoch nein sagen.

Der Grund für das Nein ist ganz einfach. Sie sehen den Veranstalter dieser Präsentation als „erfolgreich" an. Sie glauben, um selber erfolgreich zu sein, müssten sie ebenfalls solche Veranstaltungen organisieren. Vielleicht nicht sofort, aber eines Tages, und davor haben die meisten Menschen furchtbare Angst. Sie haben Angst, vor einer Gruppe von Menschen zu sprechen. Jetzt verstehen Sie sicherlich, warum sie Ihre Geschäftsgelegenheit ablehnen. (Das ist übrigens ein wichtiger Punkt: Sie haben zu Ihrem Angebot „Nein" gesagt und nicht zu Ihnen persönlich. Lassen Sie sich also von diesen „Neins" nicht entmutigen.)

Ich beweise diesen Punkt auf meinen Seminaren, indem ich dem Publikum sage: „Da meine Zeit sehr begrenzt ist, kann ich nur eine Person dran nehmen. Wer nach vorne kommen möchte, um drei Minuten über ein Thema seiner Wahl zu sprechen, hebe bitte die Hand." Nur sehr wenige, weniger als fünf Prozent, heben die Hand. Und sie sollten mal die Erleichterung in den Gesichtern derer sehen, die sich gemeldet haben, wenn ich sage, dass das nur ein Scherz war.

Ich kenne Hunderte von Leuten, die bei einer Tasse Kaffee eine Unterhaltung mit einem Freund führen können. Die selben Menschen kriegen jedoch schon allein bei dem Gedanken, vor einer Gruppe sprechen zu müssen, Todesangst. Die Größe der Gruppe ist dabei unerheblich. Manche Gesellschaftsvorsitzenden brechen sogar in Angstschweiß aus, wenn sie nur vor ihr Direktorengremium treten oder eine Präsentation für die Aktionäre halten sollen.

Was halten Sie davon, diese Angst gar nicht erst aufkommen zu lassen, während Sie Ihre Organisation aufbauen? Was halten Sie davon, begeisternde wöchentliche Geschäftspräsentationen abzuhalten? Das geht. Wenn Sie erst einmal verstanden haben, WIE, wird Ihre Organisation um ein Vielfaches schneller wachsen.

Ich treffe meine Interessenten einzeln oder bei „Brutzel-Sitzungen". (Siehe Kapitel 9, Serviettenpräsentation Nr. 8). Ich treffe mich am liebsten in einem

Restaurant außerhalb der stark frequentierten Zeiten. Ich schlage meinen Gästen vor, ein Diktiergerät mitzubringen. Sie können die Aufnahme nutzen, um sich später die Präsentation noch einmal anzuhören oder als Werkzeug, um ihre Freunde zu sponsern.

Mir ist es immer lieber, dass sie dieses Buch schon vor dem Treffen lesen. So spart man nämlich viel Zeit. Wenn die Interessenten schon wissen, „wie man fährt", bevor Sie sich mit ihnen treffen, dann ist es leichter, ihnen bei der Auswahl eines „Fahrzeugs" zu helfen. (Siehe Serviettenpräsentation Nr. 3 in Kapitel 4.)

Nach einer ruhigen Unterhaltung über die Vorteile von NWM, sagen Sie, dass Sie ihnen eine 20-minütige Präsentation über die Firma, die Produkte und den Marketingplan halten möchten. Mit der Ankündigung, dass sie nur ungefähr 20 Minuten dauern wird, deuten Sie an, dass wohl jeder lernen kann, eine 20-minütige Präsentation zu halten. Außerdem, bis sie das gelernt haben, brauchen sie nichts weiter zu tun, als die Aufnahme vor ihren Freunden abzuspielen.

Wenn Sie anderthalb Stunden bräuchten, um Ihre Firma, die Produkte und den Marketingplan zu präsentieren, würden Sie vielleicht zu wählerisch werden bei der Auswahl der Personen, mit denen Sie sich verabreden. Zu wie vielen 90-minütigen Verabredungen wären Sie überhaupt bereit? Wenn Sie Ihre Präsentation auf 20 Minuten beschränken, können Sie während einer Kaffeepause produktiv sein oder gleich zwei Präsentationen während Ihrer Mittagspause erledigen.

Ich würde die 20-minütige Präsentation wie folgt aufteilen: drei Minuten über die Firma und sieben Minuten über die Produkte erzählen und ein paar Proben verteilen. Zehn Minuten würde ich für die Erklärung des Marketingplans ansetzen. Unterteilen Sie den gesamten Marketingplan in mehrere Abschnitte. Meistens ist es nicht nötig, die höchsten Stufen des Marketingplans zu erklären, um Ihre Einsteiger in Gang zu bringen. Sie wissen doch noch: Die Neuen haben sich verpflichtet, für fünf bis zehn Stunden pro Woche wieder zur Schule zu gehen, um das Geschäft zu lernen. Versuchen Sie also nicht, ihnen während des ersten Treffens alles zu zeigen, was sie in den nächsten sechs Monaten noch lernen werden.

Die zwei wichtigsten Worte im NWM sind SPONSERN und BEIBRINGEN oder SCHULEN. Das unwichtigste Wort ist „verkaufen". „Verkaufen" sollte immer durch den Begriff „teilhaben lassen" ersetzt werden. Die nächsten drei wichtigen Wörter sind VORSTELLEN, SICH ENGAGIEREN und WACHSEN. Zuerst STELLEN Sie jemandem Ihr Geschäft VOR.

Dann bringen Sie ihn dazu, dass er sich für die nächsten sechs Monate fünf bis zehn Stunden pro Woche ENGAGIERT. Sein Wissen und seine Motivation, zum Beispiel für das, was er im Geschäft erreichen will, wird dadurch WACHSEN. Am Anfang hat er vielleicht die Vorstellung von einem zusätzlichen Einkommen von 300 bis 500 Euro pro Monat, aber nach der sechsmonatigen Phase des Engagements wird die Vorstellung wahrscheinlich auf mehrere tausend Euro monatlich wachsen.

Hat Ihr Interessent sein Diktiergerät vergessen, verwenden Sie Ihres und geben Sie ihm die Aufnahme, wenn Sie fertig sind. Wenn Sie Ihre 20-minütige Präsentation starten, bitten Sie Ihre Zuhörer, alles aufzuschreiben, was sie fragen möchten, und erklären Sie, dass Sie ihre Fragen nach Abschluss der Präsentation beantworten werden. Erklären Sie, dass Sie die Präsentation nicht auf 20 Minuten beschränken könnten, wenn Sie zwischendurch ständig Fragen beantworten müssten.

Durch das Werkzeug (die Aufnahme), das Sie Ihrem Einsteiger geben, haben Sie einen stichhaltigen Grund, Ihre Präsentation durchzuziehen, ohne alle zwei Minuten unterbrochen zu werden. Der aufgenommene Vortrag wird so ebenfalls ordentlich werden. Wenn Sie auch nur eine Frage während der Präsentation beantworten, ist das so, als wenn Sie versuchen wollten, nur eine von mehreren Katzen aus einem Sack zu lassen. Sobald Sie sich auf Fragen einlassen, folgt eine Unterbrechung nach der anderen und Sie können Ihre Präsentation nicht mehr durchziehen.

Ist Ihr Interessent sich nicht sicher, ob er das Geschäft bewerkstelligen könnte, sagen Sie einfach: „Bevor Sie sich endgültig entscheiden, kommen Sie doch einfach zu unserem wöchentlichen Schulungstreffen und sehen Sie sich an, wie wir unsere Leute ausbilden."

Zweck dieser wöchentlichen Schulungstreffen ist es, Ihren Vertriebspartnern beizubringen, wie man bei einer Tasse Kaffee einem Freund in 20 Minuten die Firma, das Produkt und den Marketingplan vorstellt. Das ganze Treffen sollte nicht länger als eine Stunde dauern.

Im Unterschied zu einer Geschäftspräsentation sprechen Sie bei einem Schulungstreffen direkt Ihre Vertriebspartner an und nicht die Gäste. Ist Ihnen schon einmal aufgefallen, um wie viel glaubhafter ein Gespräch ist, wenn man anderen dabei zuhört, als wenn man direkt angesprochen wird? Während Sie Ihren Vertriebspartneren beibringen, wie sie die Firma, die Produkte und den Marketingplan vorstellen sollen, schulen Sie Ihre Gäste ebenfalls mit.

Das Ergebnis dieses Unterrichtsstils ist, dass Sie nun 19 Vertriebspartner haben, die besser darauf vorbereitet sind, das Geschäft vorzustellen, und drei Gäste, die einen Bezug dazu bekommen haben, weil sie sich vorstellen können, das Geschäft zu machen. Eine Person kann die gesamte Stadt schulen. Lassen Sie überhaupt nicht die Idee aufkommen, dass man vor einer Gruppe sprechen muss, um erfolgreich zu sein.

Es ist sehr wichtig, Ihre Vertriebspartner wenigstens einmal pro Woche zu versammeln. Erinnern Sie sich an die Serviettenpräsentation Nr. 8 über „Brutzel-Sitzungen"? Sie müssen Ihre „Holzscheite" zusammenhalten, um die richtige Energie zu erzeugen. Dann sind Ihre Vertriebspartner effektiver im Gespräch mit ihren Freunden.

Es ist nicht nötig, viel Geld für Sitzungsräumlichkeiten auszugeben. Es gibt viele Restaurants, die einen Hinterraum oder einen Nebenraum haben, den Sie ohne Zuzahlung nutzen können. Reden Sie einfach mit dem Geschäftsführer. Erklären Sie ihm, dass Sie sich einmal wöchentlich mit einer Gruppe von Leuten treffen möchten. Beginnen Sie Ihre Treffen um 20.00 Uhr, dann sind Sie um 21.30 Uhr fertig. Laden Sie Ihre Leute ein, etwas früher zu erscheinen (18.30 oder 19.00 Uhr), um vor dem Meeting zu Abend zu essen. Der Inhaber muss keine zusätzliche Bedienung einsetzen, da die Bestellungen so rausgehen können, wie die Leute eintreffen. Nehmen Sie langsamere Bedienung in

Kauf, wenn das Personal viel zu tun hat. Der Restaurantinhaber wird mit dieser Vereinbarung zufrieden sein und das Personal auch. Ermutigen Sie schließlich Ihre Leute, ein gutes Trinkgeld zu geben.

Dieses Arrangement sollte Sie nichts weiter kosten als das Essen und das Trinkgeld. Wer nicht essen möchte, soll um 19.45 Uhr erscheinen.

Wir haben festgestellt, dass die Vertriebspartner diesen gesellschaftlichen Rahmen als sehr angenehm empfinden, um Gäste mitzubringen. Sie können sogar anbieten, Ihre Gäste zum Essen oder zum Kaffee einzuladen. (Dann können Sie Ihre Ausgaben für Essen und Kaffee steuerlich absetzen.) Wenn die Interessenten sich eingeschrieben haben, müssen sie wieder für sich selbst bezahlen.

Es ist auch in Ordnung, wenn Sie Ihre Gäste zur Schulungssitzung einladen, sogar wenn sie Ihre 20-Minuten-Präsentation noch nicht gesehen haben. Sie werden den Vortrag automatisch mitbekommen, wenn Ihr Ausbilder die Vertriebspartner darin schult, wie man diese Präsentation durchführt. Wenn Sie zu den Sitzungen einladen, betonen Sie ausdrücklich, dass es sich um eine Schulungssitzung handelt und nicht um eine Geschäftspräsentation. Ihr Gäste werden das Geschäft während der Zusammenkunft zwangsläufig kennen lernen.

NOTIZEN

NOTIZEN

KAPITEL 15
Wichtige Formulierungen und Einwandsbehandlung

WIE ICH in der Serviettenpräsentation Nr. 4 aufgezeigt habe, sollte Ihr Geschäft aussehen wie ein hohes Gebäude im Bau. Sie können das Gebäude nicht sehen, bevor es anfängt nach oben zu wachsen, und es kann nicht nach oben wachsen, bevor Sie ein solides Fundament gelegt haben. Im NWM können Sie nicht Ihr Einkommen (oder irgend etwas Substantielles) sehen, bevor Sie nicht Ihr Fundament gelegt haben.

Zu jemandem, der kein Verkäufer-Typ ist, würde ich sagen: „Ich sehe, dass Sie Zweifel haben, sich darauf einzulassen. Deshalb möchte ich, dass Sie Folgendes wissen: Wenn Sie ja sagen, werde ich Sie ausbilden. Glauben Sie mir, wenn ich nicht überzeugt wäre, dass Sie das Geschäft ausüben könnten, würden wir über etwas anderes reden."

Sie sollten sich dazu selbst eine Frage stellen: „Warum sollte ich jemanden von meinem Geschäft überzeugen wollen, wenn ich nicht davon überzeugt wäre, dass er es ausüben könnte?" Sie könnten noch hinzufügen: „Wenn Sie erst einmal 30 Tage im Geschäft sind und auch nur einen Bruchteil dessen darüber wissen, was ich weiß, werden Sie verstehen, warum ich von Ihren geschäftlichen Möglichkeiten so begeistert bin."

„Muss ich verkaufen?"

Nein. Die Produkte bewegen sich im Prozess des Geschäftsaufbaus, indem Sie Freunde daran teilhaben lassen. Haben Sie jemals eine Vorführung von Kristallwaren, Kochgeschirr, Hausverkleidungen, Feueralarmanlagen oder Staubsaugern gesehen? Die meisten Leute glauben, dass es beim Verkaufen um so etwas geht. Die Definition des Verkaufens stammt zu 95 Prozent von Leuten, die keine Verkäufer-Typen sind, und was sie sich unter Verkaufen vorstellen. Sie definieren Verkaufen als fremde Leute anzusprechen und zu versuchen, diese zum Kauf eines Produkts zu überreden, das sie weder brauchen noch wollen. Das müssen Sie im NWM niemals tun. Erstens haben Sie es mit Menschen zu tun, die Sie kennen. Und zweitens arbeiten Sie mit Produkten, die alle brauchen und auch haben wollen.

„Ist das ein Pyramidensystem?"

Nein. Der Hauptunterschied zwischen NWM und Pyramidensystemen besteht darin, dass Pyramidensysteme illegal sind. NWM gibt es schon seit über 50 Jahren, und wenn es illegal wäre, wäre es schon längst verboten worden. Wenn Sie diesen Einwand zu hören bekommen, dann liegt das meistens an einer Angst vor dem Scheitern. Ihr Gegenüber hat Angst, es mit Ihrem Programm zu versuchen, und indem er fragt, ob es ein Pyramidensystem ist, meint er, Sie loswerden zu können, weil die meisten Networker darauf keine Antwort wissen.

„Ich kann es mir nicht leisten, ins Geschäftsleben einzusteigen."

Bei den meisten NWM-Unternehmen kann man mit weniger als 100 Euro einsteigen. Wenn jemand nicht den Rest seines Lebens damit verbringen will, für andere zu arbeiten, kann er es sich nicht leisten, nicht ins Geschäftsleben einzusteigen. Meine Definition von „es geschafft haben" ist: Mehr Geld zu haben, als man ausgeben kann, und die Zeit zu haben, es auszugeben. Meiner Meinung nach wird kein Arbeitnehmer es jemals „geschafft haben".

„Mein/e Ehepartner/in wird daran nicht interessiert sein."

Lassen Sie sich davon nicht aufhalten. In den meisten Fällen ist es nur ein Partner, der zunächst das Geschäft startet. Wenn er erst einmal Erfolg hat, kommt auch der andere an Bord. Wenn das passiert, geht es oft erst richtig los. Wenn im NWM ein Paar sein Geschäft zusammen aufbaut, heißt es nicht 1 + 1 = 2, sondern 1 + 1 = mehr. Es kommt zu einem Synergieeffekt, der unglaublich viel Kraft und Schwung gibt.

„Ist es ein Vorteil, direkt vom Unternehmen selbst gesponsert zu werden?"

Nein. Nüchtern betrachtet, würde ich das sogar als Nachteil ansehen. Je mehr Vertriebspartner Sie zwischen Ihnen und dem Unternehmen haben, umso besser. Jeder in Ihrer Upline sollte Ihnen helfen und Sie bei Ihren Aktivitäten unterstützen. Wenn Sie direkt vom Unternehmen gesponsert werden, sind Sie auf sich allein gestellt.

„Wie weit sollte ich in die Tiefe arbeiten?"

Je tiefer, um so besser. Viele Networker arbeiten nicht über die Ebene hinaus, bis zu der sie Geld verdienen. Ich halte das für einen Fehler. Erinnern Sie sich an die Serviettenpräsentation Nr. 9? Wenn Sie über Ihre direkten Pay-Level hinaus arbeiten, motivieren Sie die Vertriebspartner, mit denen Sie Geld verdienen.

„Nach welchen Kriterien wähle ich eine NWM-Firma aus?"

Wenn Sie das hier lesen, werden Sie sich wahrscheinlich schon einem Unternehmen angeschlossen haben. Die Realität ist, dass sich die meisten Menschen ihr erstes Unternehmen nicht aussuchen. Jemand, der schon in diesem Unternehmen ist, hat sich Sie ausgesucht.

„Kann ich mit mehr als einem Programm gleichzeitig arbeiten?"

Um das ordentlich beantworten zu können, muss ich die Unternehmen in zwei Kategorien unterteilen. Einerseits gibt es die Programme, die vollen Einsatz erfordern und Mindestanforderungen stellen, andererseits gibt es die Versand- und Uni-Level-Geschäfte. Die meisten Leute können nicht für mehr als ein Programm vollen Einsatz bringen. Sie können dagegen mehrere der letztgenannten auf Ihrer Liste haben, solange Sie dafür sorgen, dass Ihre Tätigkeiten im Rahmen jener Programme Ihr Hauptprogramm, das vollen Einsatz erfordert, unterstützen. Es gibt ein altes Sprichwort, das sagt: Wenn Sie viele Eisen im Feuer haben und eins von diesen ist heiß, brauchen Sie die übrigen nicht. Die meisten Networker werden ihre Zeit bevorzugt mit dem Unternehmen verbringen, mit dem sie erfolgreich sind und bei dem sie sich wohl fühlen.

„Ich habe einfach keine Zeit."

Beim Rekrutieren und Sponsern gibt es vier Elemente: 1) Kontakte, 2) Zeit, 3) Energie und 4) Wissen. Wenn ich mit einer vielbeschäftigten Person zu tun habe, sage ich einfach: „Ich bitte Sie nicht um Ihre Zeit, sondern nur um Ihre Kontakte. Sprechen Sie NWM bei Ihren Freunden an und sagen Sie ihnen bitte, sie möchten sich mit mir in Verbindung setzen. Mit anderen Worten: Wir nutzen Ihre Kontakte, aber meine Zeit, meine Energie und mein Wissen. Für Sie dauert das Ganze vielleicht nur zwei Minuten, für mich jedoch zwei Stunden."

„Was ist der Unterschied zwischen Rekrutieren und Sponsern?"

Rekrutieren heißt, dass Sie jemanden in Ihre Organisation bringen, der schon Erfahrung mit Network Marketing (NWM) hat. Sponsern hat die Konnotation, dass Sie einen neuen Menschen ins NWM einführen, dem gegenüber Sie die Verpflichtung eingehen, ihm beizubringen, wie das Geschäft funktioniert. Durch Rekrutieren können Sie schnell aufbauen. Durch Sponsern können Sie jedoch solide aufbauen.

IDEE FÜR EINEN WETTBEWERB: Ihre Leute steigen in den Wettbewerb ein, indem sie jemanden sponsern, der noch nie mit NWM zu tun gehabt hat. Der Neue unterschreibt eine Bestätigung, dass dies sein erstes Unternehmen ist. Man kann mit so vielen Leuten einsteigen, wie man will. Wenn die neue Person verschiedene Leistungsstufen erreicht, erhält ihr Ausbilder Preise und Auszeichnungen.

„Mein Sponsor hilft mir nicht. Was soll ich tun?"

Gehen Sie in der Linie nach oben, bis Sie jemand gefunden haben, der Ihnen hilft. Wenn Ihr Sponsor keine Aktivitäten zeigt, wird er schließlich ausscheiden, und Sie werden unter demjenigen landen, der Ihnen hilft.

„Wie wichtig sind Grillfeste?"

Jedesmal, wenn Sie etwas Positives tun, um Ihre Vertriebspartner zusammen zu bringen, schaffen Sie Energie.

„Etwa zwei Autostunden von meinem Zuhause entfernt ist eine Stadt, in der ich fünf Leute kenne. Soll ich versuchen, alle fünf selbst zu sponsern, oder soll ich nur einen sponsern und die anderen unter ihm einordnen?"

Sie sollten niemals irgend jemanden unter jemanden anderen einordnen, es sei denn, Sie haben die zwei Parteien zusammengebracht und sie bieten einander gegenseitige Vorteile und Unterstützung. Ich würde den Besten zuerst sponsern. Dann halten Sie ein paar „Brutzel-Sitzungen" ab, bei denen Sie dem Ersten die anderen vier vorstellen können. Wenn die Fünf sich verstehen, super. Wenn sie sich nicht verstehen, werden Sie im Endeffekt die ganze Arbeit sowieso selbst machen müssen. Also können Sie sie auch gleich selbst sponsern.

„Mein Unternehmen sagt, ich kann mich bei keinem anderen Unternehmen einschreiben."

Es ist interessant festzustellen, dass manche Unternehmen diese Einstellung vertreten. Sie werben zwar gerne Vertriebspartner von anderen Unternehmen ab, sehen es aber als ein großes Tabu an, wenn andere Unternehmen das bei ihnen tun. Das sind genau die Unternehmen, die sagen: „Kommen Sie zu uns und verdienen Sie sich Ihre Freiheit." Sobald Sie das tun, wollen sie Sie besitzen.

„Ich bin mit meinem Unternehmen zufrieden, warum sollte ich zu einem anderen wechseln?"

Wir glauben an unsere Branche, NWM, und unterstützen sie. Wenn wir etwas für unsere Familie haben wollen, schreiben wir uns lieber bei einem Unternehmen ein und kaufen das Produkt zum Großhandelspreis als im Einzelhandel oder Direktvertrieb. Sie können sich bei vielen Unternehmen einschreiben, um Produkte zu Großhandelspreisen kaufen zu können, doch nur sehr wenige Networker werden erfolgreich sein, wenn sie versuchen, eine Organisation mit mehr als einem Unternehmen aufzubauen.

„Ich bin ein gebranntes Kind, was NWM betrifft. Mein Unternehmen hat soeben Konkurs angemeldet."

Das wäre, als würde man zum Essen in die Stadt gehen, eine schlechte Mahlzeit vorgesetzt bekommen und daraus schließen, dass alle Restaurants in der Stadt schlecht sind. Denken Sie daran, Sie können im NWM nicht scheitern. Sie können nur aufhören. Wenn Ihre Firma Bankrott geht, suchen Sie sich eine neue. Hören Sie niemals auf. Stellen sie sich auf Ihrem Grabstein diese zwei möglichen Grabschriften vor (schreiben Sie Ihren Namen in die Lücke):

A) „Hier liegt_____, ein Mensch, der es einmal im Leben versucht und danach aufgehört hat" versus

b) „Hier liegt _____, ein Mensch, der es nie geschafft hat, aber niemals aufgehört hat, es zu versuchen."

„Wann sollte ich meine Arbeitsstelle kündigen?"

Viele Vertriebspartner wollen Network Marketing zu früh als Hauptberuf ausüben. Das ist ein großer Fehler. Dadurch liegt zuviel Druck auf ihnen, SOFORT Geld verdienen zu müssen. Es ist schwierig, an Ihrem Fundament zu arbeiten, wenn die Miete fällig ist. Sie sollten Ihre Arbeitsstelle erst kündigen, wenn Sie eine Reserve aufgebaut haben und Sie mit dem NWM-Geschäft mindestens doppelt so viel verdienen wie mit Ihrer regulären Arbeit.

„Wie würden Sie grafisch den Unterschied darstellen zwischen viel verkaufen und eine breite Basis A sponsern im Vergleich zu mit einigen wenigen ernsthaften Vertriebspartneren (fünf zur gleichen Zeit) in der Gruppe 'B' in die Tiefe zu arbeiten?"

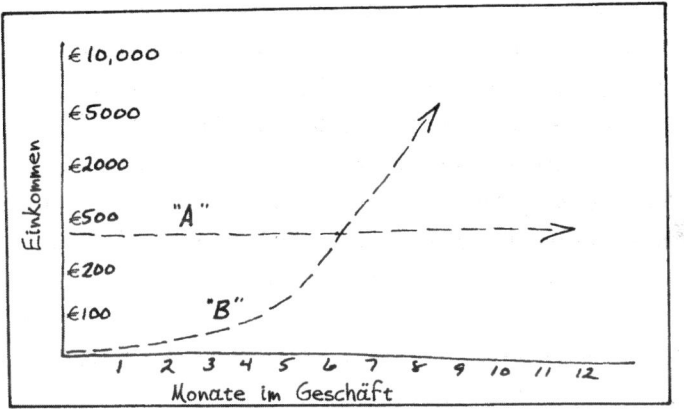

Ein Vertriebspartner, der viel verkauft und eine breite Basis sponsert, würde der Linie 'A' folgen. Einer, der das Geschäft mit einigen wenigen Vertriebspartneren aufbaut, folgt der Linie 'B'. Fragen sie Ihren neuen Vertriebspartner, welcher Linie er lieber folgen würde. Wenn er B sagt, fragen Sie ihn: „Ist Ihnen dabei klar, dass Sie dann in den ersten Monaten nicht viel Geld verdienen werden?" Bereiten Sie Ihre Leute so geistig auf die ersten sechs Monate vor.

NOTIZEN

KAPITEL 16
Warum 90 Prozent der Bevölkerung Network Marketing machen sollten

90 Prozent der Bevölkerung sollten im Network Marketing tätig sein. Wenn Sie die nächste Präsentation verstehen, werden Sie erkennen, warum.

In den meisten Ländern läuft das Spiel nach dem Motto: Arbeite, bis du in Rente gehst, und häufe genug Sparguthaben an, damit du gemütlich leben kannst, bis du stirbst. Ein Leben mit Sozialhilfe wird nicht als ein angenehmes Leben betrachtet. Stellen Sie sich hingegen vor, Sie leben in dem Haus Ihrer Wahl (ohne Hypothekenzahlung), fahren das Auto Ihrer Wahl (ohne Ratenzahlung), Ihre Kreditkarten sind nicht im Minus, die Telefonrechnungen sind bezahlt – es sind also keine Rechnungen offen. Wenn Sie in dieser Situation sind und jeden Monat 10.000 Euro hereinkommen, egal ob Sie aufstehen oder nicht, dann haben Sie einen besseren Lebensstil als die meisten Millionäre.

Die meisten Menschen bräuchten für ein monatliches Einkommen von 10.000 Euro einen Betrag von 2.400.000 Euro auf dem Konto, von dem fünf Prozent Zinsen diesen Betrag ergeben. Schauen Sie in der Tabelle Nr. 1 (Seite 129) nach, um zu sehen, wie viel Geld man bei verschiedenen Zinssätzen braucht, um gewisse monatliche Einnahmen zu erzielen. Wählen Sie den Betrag aus, den Sie haben wollen, und schauen Sie dann, wie viel Sparguthaben Sie anhäufen müssten, um das zu erzielen. Denken Sie daran, bevor Sie Geld ansparen können, müssen Sie es erst verdienen und davon Ihre Steuern, Hypothek, Autoraten und andere Rechnungen zahlen. Wie viel bleibt Ihnen da wirklich noch zum Sparen übrig?

Wir wissen also jetzt: Man braucht 2.400.000 Euro an Sparguthaben, um 10.000 Euro pro Monat an Zinsen zu bekommen. Die Hälfte ist 1.200.000. Das bringt Ihnen 5.000 Euro pro Monat ein. Wie viele Leute kennen Sie, die bis zu ihrer Pensionierung 1.200.000 bis 2.400.000 Euro ansparen konnten?

Ein Networker kann in zwei bis fünf Jahren ein Teilzeit-Einkommen von 5.000 bis 10.000 Euro pro Monat erzielen. Das ist der gleiche Betrag wie fünf Prozent Zinsen von 1.200.000 bis 2.400.000 Euro.

Dieses Beispiel zeigt, wieviel residuales Einkommen Sie in zwei bis fünf Jahren haben könnten. Betrachten wir die ersten fünf Monate eines Jahres: Um monatlich 200 Euro an Zinsen einzunehmen, müsste man 48.000 Euro auf dem Bankkonto liegen haben. Diese Rechnung geht von der Annahme aus, dass Sie fünf Prozent Zinsen bekommen. Das wäre schon SEHR VIEL, denn bei den meisten Banken bekommen Sie deutlich weniger! Wie viele Leute kennen Sie, die in drei Monaten 48.000 Euro sparen könnten? So gut wie jeder, der unser System nutzt, kann sich in diesem Zeitraum eine Organisation aufbauen, die ihm monatlich 200 Euro an Einkommen bringt.

Denken Sie einmal über Folgendes nach:

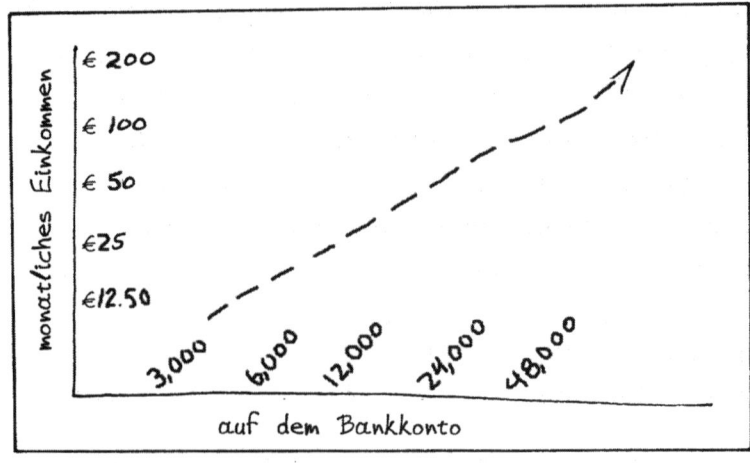

Wie viele Menschen kennen Sie, die monatlich 3.000 bis 6.000 Euro sparen können? Die meisten kennen niemanden. Wie viele Menschen kennen Sie, die jeden Monat einen Freund sponsern können? Denken Sie daran, das dauert nur 45 Sekunden Redezeit, dann leihen Sie ihnen das Buch, damit sie die ersten vier Serviettenpräsentationen lesen können. Anschließend bringen Sie sie mit Ihrem Sponsor zusammen. Das kann auch über ein Dreier-Telefongespräch erfolgen. Ist es nicht interessant, dass jeder, der nach diesem System arbeitet, jeden Monat mit Leichtigkeit einen Freund sponsern und ihm beibringen kann, dasselbe zu tun?

Bedenken Sie: Wenn Sie nur eine Person pro Monat sponsern und Ihrem Team beibringen, das Gleiche zu tun, würde sich Ihre Organisation folgendermaßen entwickeln:

Monate	Menschen in Organistaion
1	2
2	4
3	8
4	16
5	32
6	64
7	128
8	256
9	512
10	1,024
11	2,048
12	4,096

Was wäre, wenn Sie nur eine Person pro Jahr sponsern und Ihrem Team beibringen, das Gleiche zu tun? Sie wären nach zwölf Jahren finanziell unabhängig. Wie viele Menschen würden gerne in zwölf Jahren in Rente gehen? Einer pro Monat würde Sie in nur einem Jahr dorthin bringen!

Network Marketing ist kein Spiel mit Zahlen, wie es der Verkauf ist. Ein Verkäufer arbeitet für einen Verkaufsleiter. Network Marketing ist das Gegenteil. Wenn Sie jemanden sponsern, müssen Sie für ihn arbeiten. Sie wählen den Menschen aus, für den Sie arbeiten gehen!

Was Sie wirklich tun müssen, um im Network Marketing erfolgreich zu sein, lässt sich in zwei Sätzen sagen:

1) Machen Sie sich Freunde (falls Sie noch keine Freunde haben).

2) Lernen Sie deren Freunde kennen.

Tabelle Nr. 1- „Sind Sie für Ihre Rente abgesichert?"

Wissen Sie, wie viel Geld Sie bräuchten, um den Zinsbetrag zu erhalten, den Sie gerne für Ihre Rente hätten? „Ihr Leben zu bestimmen" bedeutet, dass Sie in der Lage sind, Dinge zu tun, die Sie gerne tun würden, ohne sich dabei Sorgen um die Kosten machen zu müssen! Die folgende Tabelle zeigt die von Finanzinstitutionen gezahlten Zinssätze und den Geldbetrag, den Sie anlegen müssten, um einen monatlichen Betrag zu erzielen, der Ihren Bedürfnissen entspricht. Suchen Sie den gewünschten Betrag. Suchen Sie dann den aktuell geltenden Zinssatz und schauen Sie nach, wie viel Sie für die Rente sparen müssten.

200 EUR pro Monat		600 EUR pro Monat		800 EUR pro Monat		1.000 EUR pro Monat	
Zinssatz %	Guthaben EUR	Zinssatz %	Guthaben EUR	Zinssatz %	Guthaben EUR	Zinssatz %	Guthaben EUR
2,00	120.000	2,00	362.000	2,00	480.000	2,00	600.000
3,00	80.000	3,00	240.000	3,00	320.000	3,00	400.000
4,00	60.000	4,00	180.000	4,00	240.000	4,00	300.000
5,00	48.000	5,00	144.000	5,00	192.000	5,00	240.000
6,00	40.000	6,00	120.000	6,00	160.000	6,00	200.000
7,00	34.386	7,00	102.857	7,00	137.143	7,00	171.429
8,00	30.000	8,00	90.000	8,00	120.000	8,00	150.000
9,00	26.666	9,00	80.000	9,00	106.667	9,00	133.334
10,00	24.000	10,00	72.000	10,00	96.000	10,00	120.000

2.000 EUR pro Monat		4.000 EUR pro Monat		5.000 EUR pro Monat		10.000 EUR pro Monat	
Zinssatz %	Guthaben EUR	Zinssatz %	Guthaben EUR	Zinssatz %	Guthaben EUR	Zinssatz %	Guthaben EUR
2,00	1.200.000	2,00	2.400.000	2,00	3.000.000	2,00	6.000.000
3,00	800.000	3,00	1.600.000	3,00	2.000.000	3,00	4.000.000
4,00	600.000	4,00	1.200.000	4,00	1.500.000	4,00	3.000.000
5,00	480.000	5,00	960.000	5,00	1.200.000	5,00	2.400.000
6,00	400.000	6,00	800.000	6,00	1.000.000	6,00	2.000.000
7,00	342.857	7,00	685.714	7,00	857.143	7,00	1.714.285
8,00	300.000	8,00	600.000	8,00	750.000	8,00	1.500.000
9,00	266.667	9,00	533.334	9,00	666.667	9,00	1.333.334
10,00	240.000	10,00	480.000	10,00	600.000	10,00	1.200.000

Wir haben ein System, bei dem Sie für einige Stunden pro Woche wieder zur Schule gehen, um zu lernen, wie es geht, Ihren Einsatz bringen und sich auf jedem gewünschten Niveau finanziell absichern können, für das zu arbeiten Sie bereit sind. Wir wissen, wenn Sie unser System erlernen, können Sie in ein bis drei Jahren mit mehr als 50.000 Euro pro Jahr finanziell unabhängig sein. Wie viele Universitätsabsolventen gehen für ihr Studium Schulden ein, um anschließend einen guten Arbeitsplatz zu bekommen, und sind dennoch nicht in der Lage, ein bis drei Jahre nach ihrem Abschluss mit 50.000 Euro pro Jahr finanziell unabhängig zu sein? Ich persönlich kenne keinen Beruf, außer einem Geschäft von zu Hause aus, mit dem Sie diese Möglichkeit haben. Wenn Sie die Chance nutzen wollen, IHR LEBEN ZU BESTIMMEN, dann setzen Sie sich mit demjenigen in Verbindung, der Ihnen dieses Buch gegeben hat.

NOTIZEN

KAPITEL 17
Vision für Lebensstil und Vorbildsein

28 Jahre lang haben wir die Welt bereist. Wir sind internationale Lifestyle-Trainer und wir lehren Menschen, wie sie eine bessere Lebensqualität durch den Aufbau von erfolgreichen Network-Marketing-Organisationen erzielen. Und wir lieben unsere Aufgabe! Denn wenn Sie erfolgreich im Network Marketing sind, geht es Ihnen gut und Sie sind glücklich. Tatsache ist, dass Sie im Network Marketing nicht hart für Ihren Lebensunterhalt arbeiten, sondern sich auf intelligente Art und Weise einen angenehmen Lebensstil schaffen. Jetzt ist die Zeit gekommen, dass Sie und Ihre Familie ein besseres Leben beginnen. Es ist Zeit, den Stress aus Ihrem Leben zu verbannen. Der Zeitpunkt ist gekommen, um etwas anderes zu machen. Wenn Sie nicht wissen, was Sie wollen, und keine Ahnung haben, wohin Ihr Weg führen soll, dann stehen Sie auf verlorenem Posten. Und eines ist sicher: So werden Sie Ihre Träume nicht leben können. Jetzt ist es an der Zeit, etwas zu ändern und Network Marketing kann Ihnen dabei helfen, diese Änderungen in die Tat umzusetzen.

Das Leben von Nancy ist nur ein Beispiel. Sieben Jahre lang hat sie sich abgerackert, um in einem Wirtschaftskonzern nach oben zu kommen und ist dabei immer wieder an Grenzen gestoßen. Sie und ich, wir wissen beide, wie es ist, nicht sein eigener Herr zu sein. Und ich sage Ihnen: Alles wurde für sie besser, nachdem sie mit Network Marketing begonnen hatte - und deshalb ist es so wichtig für die Menschen, dass sie dieses Geschäft verstehen. Ich gebe Ihnen ein weiteres Beispiel einer Frau, die ich in Thailand kennenlernte. Sie arbeitete in einer Fabrik und verdiente umgerechnet rund 120 Euro im Monat. Nachdem diese Frau die Vision des Network Marketing begriffen und erlernt hatte, was sie tun musste, erzielte sie jeden Monat umgerechnet über 20.000 Euro. Ein weiteres Beispiel ist eine Frau, die ich in New York traf. Sie arbeitete in einer

Bank und verdiente über 100.000 Dollar im Jahr, allerdings hatte sie keine Zeit. Sie wünschte sich aufrichtig eine Beziehung, sie wollte Kinder haben, aber für all dies fand sie keine Zeit. Sie hatte Geld, aber keine Zeit. Sie nahm an einer unserer Networking-Schulungen teil und erlangte die Vision dessen, was sie tun wollte. Sie wusste, dass sie mehr Geld im Networking verdienen konnte, also begann sie, sich ihr Geschäft im Networking Marketing aufzubauen. Heute ist sie verheiratet, hat eine Familie und verdient mehr Geld. Sie bestimmt ihr Leben selbst.

Egal, was Sie sich vom Leben wünschen, was Sie zum Leben beitragen möchten, Sie finden diese Möglichkeit im Network Marketing. Um erfolgreich zu sein, müssen Sie zunächst einmal einen Traum haben, der Ihnen wirklich wichtig ist. Mit anderen Worten: Was wollen Sie? Was wünschen Sie sich im Leben wirklich am meisten? Sie wünschen sich vielleicht eine gute Gesundheit und mehr Energie, oder vielleicht hätten Sie gern residuales Einkommen, so dass Sie sich nicht um die Bezahlung Ihrer Rechnungen sorgen müssen. Vielleicht streben Sie auch nach Seelenfrieden oder einer liebevollen Beziehung? Wie sieht es mit Urlaub aus oder mit einem Sportwagen oder einer neuen Wohnung? Eventuell haben Sie ein besonderes Anliegen oder setzen sich für eine wohltätige Sache ein, die Zeit oder finanzielle Zuwendung erfordert? Vielleicht möchten Sie auch mehr Zeit in Ihrer Kirche verbringen oder sich stärker für die Rettung der Umwelt engagieren. Sie können sich aus einer Vielzahl von Gründen mehr Geld und mehr Zeit wünschen. Ganz gleich, um was es sich handelt; wenn Sie diese Dinge möchten, dann haben Sie die Möglichkeit, sie Wirklichkeit werden zu lassen. Sie können Wohlstand erlangen. Sie haben heute die Wahl. Sie müssen Ihre Vision erkennen. Sobald Sie wissen, dass Sie eine Wahl haben, wird Sie nichts mehr zurückhalten. Ich empfehle, dass Sie sich ein Bild dessen machen, was Sie anstreben – ja, ich meine ein richtiges Foto. Bewahren Sie es so auf, dass Sie es im Blick haben. Damit bleibt Ihr Ziel real und stets in Ihren Gedanken. Ich muss sagen, dass jedes Bild, das ich jemals auf unserem Kühlschrank platziert habe, auch Realität wurde. Träume können sich schneller verwirklichen, als man glauben mag. Es grenzt an Zauberei. Ihre Visionen führen Sie zum Erfolg. Es ist einfach unglaublich, was passieren kann. Und vergessen Sie niemals: Wenn Sie einen Traum erreicht haben, nehmen Sie den nächsten Traum in Angriff. Ihre Träume werden wahr werden, solange Sie sich weiterhin für das Leben entscheiden, das Sie sich wünschen.

Was spricht für Network Marketing?

Ich meine, dass jeder im Network Marketing tätig sein sollte. Das ist mein Traum und mein Ziel, nämlich jeden, der etwas Unternehmergeist hat, zum Network Marketing zu bringen. Man muss es lediglich verstehen und daran glauben. Und wenn man es erst einmal verstanden hat, dann wird man daran glauben! So viele Menschen sind bereits im Network Marketing involviert und bauen riesige Unternehmen auf. Ich kenne eine ganze Menge solcher Menschen! Im Network Marketing haben Sie keinen Vorgesetzten: Sie sind Ihr eigener Chef; Sie sind selbständig. Und aus diesem Grunde benötigen Sie Selbstdisziplin. Sie müssen sich selbst motivieren können. Nachdem ich so viele Jahre lang die Welt bereist habe, entdeckte ich, dass sich die Leute zwei wichtige Dinge von dem Aufbau eines Networking-Geschäfts von zu Hause aus versprechen: 1) Sie wollen so schnell wie möglich Geld verdienen, um ein besseres Leben führen zu können; und 2) sie wünschen sich mehr Spaß bei der Arbeit. Zu viele Menschen haben miserable Arbeitsplätze und zu viele andere haben überhaupt keine. Es gilt zu erkennen, dass Sie mit Network Marketing gutes Geld verdienen und gleichzeitig Freude dabei haben können. Sie können in Teilzeit beginnen und von dort aus aufbauen.

Es gibt sechs wichtige Bereiche in Ihrem Leben. Diese sind:
1) Gott
2) Familie
3) Arbeit
4) Gesellschaft
5) Finanzen
6) Körper

All diese Bereiche in ihrer Gesamtheit tragen zu Ihrem Wohlbefinden und Glück bei. Und Sie können in jedem Bereich Ihres Lebens ein Vorreiter sein. Sie können Ihr Leben ins Gleichgewicht bringen. Mit Network Marketing können Sie das Leben leben, von dem Sie träumen – und dabei können Sie jede Menge Spaß haben! Als Führungskraft lernen Sie, clever zu denken, clever aufzubauen und clever zu sein. Sie können Ihr Leben und das Leben anderer wirklich ändern. Es ist an der Zeit, Ihr Leben neu zu erfinden und neu zu gestalten. Es ist Zeit, sich aufzuraffen, den Staub des Althergebrachten abzuklopfen und sich ein neues Leben für Sie, Ihre Familie und Ihre Freunde einzurichten. Sie können das tun, weil es Tools gibt, die Ihnen dabei helfen. Es ist an der Zeit, dass Sie sich selbst führen und Ihrem Team zeigen, dass Sie es führen können, um die nächste Ebene in Ihrem Unternehmen zu erreichen. Wenn Sie kein Team haben, ist es jetzt an der Zeit, eines aufzubauen. Networking ist eine sehr soziale Sache, die zugleich Freude bringt. Es wird Ihnen gefallen!! Es ist ein Geschäftsmodell, das Ihr Leben und das Leben aller Menschen ändern kann, die Sie kennen. Andere Menschen tun es bereits. Nun ist es Zeit für Sie, ebenfalls aktiv zu werden. Menschen verlieren ihre Arbeitsplätze, Menschen leben in Furcht. Sie müssen nicht so leben. Sie haben heute die Wahl. Es ist an der Zeit, eine Gelegenheit zu schaffen.

Merken Sie sich: Ihre Einstellung und Ihre Handlungen sprechen eine deutlichere Sprache als Ihre Worte. Ihre Einstellung kommt zuerst und Ihr Erfolg wird auf dem Fuße folgen. Und welche Art von Einstellung benötigen Sie? Sie brauchen eine positive Einstellung in jedem Aspekt und Sie brauchen Leidenschaft für Ihre Träume und deren Umsetzung in die Realität. Außerdem müssen Sie die Wesenszüge einer guten Führungskraft entwickeln. Im Network Marketing arbeiten Sie nicht allein – Sie stellen ein Team auf, das mit Ihnen arbeitet und Sie führen dieses Team auf dem Weg zum Erfolg.

7 Schritte, um eine gute Führungskraft zu werden

1. BRINGEN SIE SICH AKTIV EIN

Sie sponsern einen Freund in Ihr Unternehmen und Sie helfen diesem Freund wiederum, seinen Freund zu sponsern und so weiter. Sie lehren und fördern Ihr Team, damit es Erfolg hat; Sie teilen ein bewährtes System, das Ihrem Team zum Erfolg verhelfen wird. Damit kann das Team seine Anstrengungen verdoppeln und sehr schnell und stark wachsen. Sie sind das Vorzeigemodell und Ihr Team wird folgen. In einer Networking-Familie lehren und fördern Sie jede Person auf dem Weg zum Erfolg. Natürlich können Sie immer nur einen Schritt nach dem anderen tun und manchmal sind dies Babyschritte. Manchmal straucheln Sie vielleicht sogar. Aber Sie stehen wieder auf und lernen aus Ihren Fehlern und Sie werden weiter machen. Sie sind eine Führernatur, Sie geben niemals auf! Schon bald wird sich Ihr Team beginnen zu vervielfältigen und Ihre Organisation wird schneller und schneller wachsen und immer stärker werden. Sie werden wirklich beginnen, Freude dabei zu haben, anderen zu helfen, und selbst dabei Geld zu verdienen.

Ich vergleiche Network Marketing gerne mit Popcorn machen. Wenn Sie Popcorn in einer Pfanne rösten oder in einem Beutel in die Mikrowelle stellen, müssen Sie zunächst einmal für Hitze sorgen. Im Network Marketing wird es heiß, wenn Menschen eine Vision und Leidenschaft für das haben, was sie tun. Wenn es in der Pfanne oder im Beutel heiß wird, springt das Popcorn auf. Anfangs poppt es nur ganz wenig und dann knallt es plötzlich wie verrückt. Es knallt und knallt und der Beutel füllt sich und das Popcorn läuft aus der Pfanne über. Mit Network Marketing verhält es sich genauso. Es beginnt eher zögerlich. Sie machen nicht besonders viel Geld und vielleicht helfen Sie nicht besonders vielen Leuten. Aber dann, ganz plötzlich, kommt Schwung in die Sache. Und ich meine damit mächtigen Schwung! Ihr Leben wird ausgefüllt sein. Bleiben Sie einfach am Ball. Zu oft habe ich Menschen erlebt, die aufgegeben haben, obwohl sie so kurz vor dem Ziel standen. Deshalb ist es so wichtig, das Geschäft des Network Marketings zu verstehen und es ist unerlässlich, dass Sie die Tools zur Hand haben, die Sie zum Erfolg benötigen.

2. ZEIGEN SIE „FÜHRUNGSQUALITÄTEN"

Sie müssen die Vision und das Ziel haben, eine Führungspersönlichkeit zu werden. Im Network Marketing ist das Ihr Ziel Nr. 1 und Ihre Verantwortung, anderen Menschen zum Erfolg zu verhelfen. Sie müssen an sich selbst arbeiten und sich zu einer hocheffizienten und fürsorglichen Persönlichkeit entwickeln. Networking ist ein Beziehungsgeschäft; wir ändern das Leben eines Menschen nach dem anderen. Ganz toll ist auch, dass Sie alles, was Sie beim Aufbau Ihres Network-Marketing-Geschäfts lernen, auch für die anderen Aspekte Ihres Lebens nutzen können.

3. ORGANISIEREN SIE SICH

Wenn Sie organisiert sind, können Sie nicht nur sich selbst, sondern auch andere Menschen führen. Bringen Sie Ihr Auto, Ihren Schrank, Ihr Büro, Ihre Schubladen, Ihren Schreibtisch, Ihre Garage, Ihr Portemonnaie, Ihre Kinder, Ihr Heim und Ihren Garten in Ordnung. Wenn Sie organisiert sind, haben Sie ein gutes Gefühl sich selbst und Ihrer Umwelt gegenüber. Wenn Sie sich gut fühlen, können Sie anderen dabei helfen, sich gut zu fühlen und ein besseres Leben zu haben. Vergessen Sie nicht: Als Führungsperson sind Sie ein Vorbild. Sie führen, indem Sie ein Beispiel geben. Sie können Niemandem etwas beibringen, das Sie selbst nicht kennen oder können. Sie müssen wissen, was Sie tun.

4. SEIEN SIE FLEXIBEL

Die Dinge ändern sich ständig, da stimmen Sie mir zu, oder? Das Erlernen neuer Dinge macht Spaß und ist eine gute Sache und wenn Sie eine positive Einstellung dazu haben, ist es kinderleicht, flexibel zu sein. Eine Führungspersönlichkeit kommt immer mit den Änderungen im Leben zurecht. Sie müssen sich ständig an verschiedene Situationen, Umstände und Bedingungen anpassen. Natürlich behalten Sie stets Ihr Ziel im Auge und zeigen Kontinuität in Hinblick auf Ihre Absicht und Ihre Vision der Zukunft. Wenn Sie flexibel sind, gibt es viele Wege, um Ihre Ziele zu erreichen. Vergessen Sie nicht: Das Leben ist eine Reise und kein Zielort.

5. KOMMUNIZIEREN SIE, KOMMUNIZIEREN SIE, KOMMUNIZIEREN SIE

Die besten Kommunikatoren sind auch die besten Zuhörer. Ich habe erlebt, dass mangelnde Kommunikation in allen Lebensbereichen ein Riesenproblem ist. Als Führungspersönlichkeit ist es sehr wichtig, dass Sie steten Kontakt mit Ihrer Familie aus Teammitgliedern halten. Als Führungskraft halten Sie sie auf der richtigen Spur und inspirieren sie, Schritt für Schritt vorwärts zu gehen. Als Führungskraft helfen Sie ihnen, abzuklären, was sie eigentlich wollen. Viele Menschen wissen nicht, was ihre Bestimmung ist; sie leben einfach in den Tag hinein. Und hier kommt die Kommunikation ins Spiel. Beginnen Sie, Fragen zu stellen. Beginnen Sie, Wissen zu vermitteln. Beginnen Sie, sich mitzuteilen.

6. VERWALTEN SIE IHRE ZEIT EFFEKTIV

Die Zeit bleibt für Niemanden stehen. Die nachfolgende Liste enthält einige der Fähigkeiten, die Sie entwickeln sollten, um Ihre Zeit optimal nutzen zu können:

- Prioritäten setzen
- Multi-Tasking
- Stets pünktlich oder etwas zu früh dran sein
- Delegieren

Wenn Ihre Networking Familie beginnt zu wachsen, wird Ihre eigene Zeit immer wertvoller werden. Zeit ist Ihre wichtigste und wertvollste Ressource; nutzen Sie sie gut und lassen Sie jede Minute zählen.

7. INSPIRIEREN SIE ANDERE ZUM HANDELN

Wenn jemand etwas wirklich will, was er noch nicht hat, dann braucht er nur noch einen Plan. Helfen Sie Ihrem Vertriebspartner dabei, ein „Mission Statement" zu erstellen. Diese Missionsaussage drückt seinen Lebenszweck und sein Lebensziel aus. Unsere Missionsaussage besagt, dass wir so vielen Menschen wie möglich helfen möchten und dass wir durch Network Marketing eine bessere Lebensqualität erzielen möchten.

Es ist Ihre Chance: ergreifen Sie sie!

„Ja" zum Network Marketing zu sagen, kann der Weg zum aufregendsten und schönsten Leben sein, das man sich vorstellen kann. Das ist unsere Welt und es kann auch Ihre Welt werden. Die Tür steht weit offen. Ganz gleich, wohin wir reisen, wir haben stets ein Team, eine Familie, die wir besuchen können. Es ist wunderbar, überall dort, wohin es uns verschlägt, Freunde zu haben! Und das Schönste daran ist, dass Sie Teil dessen werden können. Um eine Führungskraft im Network Marketing zu sein, müssen Sie lediglich Ihre Vertriebspartner zum Erfolg führen und das ist ganz einfach! Es ist einfach, macht Spaß und jeder ist dazu in der Lage. Der Grund dafür, warum es so einfach ist, liegt darin, dass es Tools gibt, um für Sie die Schulungen und das Vermitteln von Wissen zu übernehmen. Sie müssen lediglich das System kennen, das wir Ihnen in diesem Buch vermitteln. Arbeiten Sie sich durch das System und helfen Sie anschließend anderen dabei, dasselbe zu tun. Es ist alles da, was Sie benötigen. Sie können ein Vorbild in allen Aspekten Ihres Lebens sein, wenn Ihnen andere Menschen wirklich wichtig sind. Ihre Integrität wird durchscheinen und man wird Ihnen folgen, denn im Network Marketing können Sie das Leben führen, von dem Sie träumen. Die Zeit ist reif.

NOTIZEN

NOTIZEN

KAPITEL 18
Lassen Sie die Tools für sich sprechen

Dieses spezielle Kapitel ist eine Zusammenstellung zum Thema, wie Sie die Tools für sich arbeiten lassen können, auf Grundlage der von Don Failla angebotenen Schulung. Wir haben es in diese Sonderausgabe eingebunden, weil wir meinen, dass es eine kleine Extra-Hilfe für Sie sein wird. Beginnen Sie Ihr Geschäft heute mit einem „Kickstart".

Unsere vielen Reisen über 30 Jahre hinweg haben uns gezeigt, wie ein duplizierbares System wirklich eine Änderung im Leben der Menschen bewirkt.

Wenn Sie bedenken, dass eine „unbedarfte" Person in 10 Minuten oder weniger so viele Informationen aufnehmen kann, um sogleich mit dem Sponsern und dem Geschäftsaufbau zu beginnen, ist das System praktisch von unschätzbarem Wert. Das System ist so einfach, dass jeder auf der Welt sich ein Network-Marketing-Geschäft aufbauen kann, wenn er oder sie es nur möchte.

Das folgende Thema wird ausführlich in meinem Buch mit dem Titel *Das System* behandelt, aber wir haben uns entschieden, das Kapitel auch in dieses Buch einzubinden, um Ihnen den erwähnten „Kickstart" zu ermöglichen.

Wir haben gelernt, dass nur 5% der Bevölkerung Verkäufertypen sind. Demzufolge sind 95% keine Verkäufertypen. Letztere sind der Meinung, dass es beim Verkauf darum geht, jemandem etwas aufzudrängen, das er nicht wirklich braucht oder möchte.

Außerdem wurden Nancy und ich durch Network Marketing reich, indem wir mit Menschen, die keine Verkaufstypen waren, arbeiteten. Hierfür gibt es zwei Gründe:

1. Es gibt einfach mehr von ihnen.
2. Es gibt keine Konkurrenz.

Leider glauben 90% der Menschen im Network Marketing, dass sie auf der Suche nach Verkäufertypen sind. Verkäufertypen sind normalerweise unbeständig und opportunistisch. Sobald jemand anderer mit einem fairen Deal daherkommt, haben Sie sie verloren. Es ist wichtig zu erkennen, dass die Menschen im Network Marketing nach Verkäufertypen suchen, weil sie das Geschäft nicht verstehen. Erfahrungswerte zeigen, dass Verkäufertypen die geringste Chance in dieser Branche haben. Es ist ironisch, dass die Leute den Großteil ihrer Zeit damit verbringen, nach dem Typ von Mensch für ihr Geschäft zu suchen, der die geringste Chance auf Erfolg hat.

Andererseits, wenn Sie selbst ein Verkäufertyp sein sollten, sind Sie am richtigen Ort. Ein Verkäufer kann es im Network Marketing sehr weit bringen, allerdings unter einer Bedingung. Diese Bedingung lautet, dass er bereit ist, zu lernen, wie Network Marketing wirklich funktioniert. Die meisten Verkäufer kennen oder verstehen Network Marketing nicht.

Dies ist ein Geschäft, bei dem es um Duplizierung geht. Verkäufer werden ihr ganzes Leben lang „rekrutiert". Sie werden von Verkaufsleitern „rekrutiert", um für sie zu verkaufen. Wenn Sie einen Verkäufer für Ihr Geschäft „rekrutieren", glaubt er, dass er losmarschieren und Leute finden kann, die für ihn verkaufen. Mit dieser Einstellung wird er es in diesem Geschäft niemals zu etwas bringen, denn wir „rekrutieren" niemanden - wir „sponsern". Beachten Sie den Unterschied – sponsern bedeutet, dass wir für sie arbeiten! Die Idee ist, dass Sie jemanden sponsern, dessen Freunde kennenlernen, ihm beibringen, wie man jemanden sponsert, und diese Person arbeitet dann für diejenigen, die sie gesponsert hat, so wie Sie selbst im Verlauf des Sponsoring-Prozesses für die von Ihnen gesponserte Person gearbeitet haben.

Das größte Plus der Verkäufer gegenüber anderen Leuten, die keine Verkäufertypen sind, ist ihre Fähigkeit, ohne Scheu Fremde anzurufen und mit ihnen Termine zu vereinbaren. Und genau dieses Plus wird ihnen in diesem Geschäft zum Verhängnis. Es ist für sie so leicht, Kontakte zu Menschen aufzunehmen, dass sie einfach umherlaufen und Leute einschreiben … doch sie widmen diesen Menschen nicht genügend qualitativ hochwertige Zeit, um ihnen tatsächlich beim Start eines Geschäfts zu helfen, d.h. sie zu SPONSERN.

Wir haben Verkäufer erlebt, die in dieses Geschäft eintraten und 100 Personen rekrutierten. Nach 6 Monaten haben sich an ein paar Stellen gerade mal 1 oder 2 Ebenen in die Tiefe gebildet. Sie haben sich überhaupt nicht dupliziert und geben auf oder wechseln zur nächsten Geschäftsgelegenheit über.

Sie können sagen, dass Sie sich in diesem Geschäft dupliziert haben, wenn eine Person, die Sie gesponsert haben, 3 Ebenen unter sich hat. Wenn Sie Ihre Hand aufhalten und sich vorstellen, dass Sie der Daumen sind, dann steht der Zeigefinger für die Person, die Sie sponsern. Wenn Sie jedem der anderen 3 folgenden Finger einen Namen zuordnen können, geht die Linie 3 Ebenen tief. Nur wenn Sie das erreicht haben, können Sie sich in der ersten Person, die Sie gesponsert haben, als dupliziert betrachten. Wenn Sie sich das als Tabelle vorstellen, haben Sie selbst damit 4 Ebenen unter sich.

Für Menschen, die keine Verkäufertypen sind, ist es unangenehm, Fremde anzurufen und mit ihnen Termine zu vereinbaren. Sie sponsern deshalb einen Freund und helfen diesem anschließend bei seinen Freunden und diese helfen wiederum ihren Freunden. Dieser Prozess ist erheblich langsamer, gewinnt jedoch an Fahrt, da das Spiel der Multiplikation erfolgreich gespielt wird. Verkäufer spielen stets das Spiel, das wir Dividieren und Subtrahieren nennen. Wir wollen in diesem Geschäft multiplizieren. Tatsächlich können Sie das Geschäft in zwei einfachen Sätzen erläutern: Sie finden einen Freund und lernen dessen Freunde kennen. Sie finden einen Freund und lernen dessen Freunde kennen.

Wie schon gesagt, ist es für Menschen, die keine Verkäufertypen sind, ein unangenehmer Gedanke, Kaltkontakte anzurufen und wenn Sie das Geschäft so ausführen, wie wir es lehren, dann müssen Sie sich darüber niemals Sorgen machen. Wenn Sie jemanden sponsern, wird diese Person einige Menschen kennen, die Sie nicht kennen, und alles, was Sie tun müssen, ist ihnen zu vermitteln, was Sie bereits wissen. Lernen Sie, wie man mit den Leuten spricht, die man bereits kennt, lassen Sie die Tools für sich sprechen und wenn der richtige Zeitpunkt gekommen ist, können Ihre Freunde Ihnen ihre Freunde vorstellen.

In all unseren Jahren des Network Marketings hatten wir mit Gesundheitsprodukten zu tun; allerdings sehen wir uns niemals als jemanden an, der Gesundheitsprodukte verkauft. Der Grund hierfür ist: Ganz egal, wie toll Ihre Produkte auch sein mögen, wenn Sie glauben, dass Sie Gesundheitsprodukte verkaufen, müssen Sie sich auf schwere Zeiten einstellen. Nur 15% der Bevölkerung ist entweder krank, verletzt oder gesundheitsbewusst. Nur 8% sind wirklich gesundheitsbewusst. Wenn Sie also glauben, dass Sie Gesundheitsprodukte verkaufen, dann sind diese 8% Ihre Zielgruppe. Betrachtet man die Anzahl der Network-Marketing-Firmen und der Reformhäuser und Fachgeschäfte für gesunde Ernährung, die es auf dem Markt gibt, müssen Sie schon sehr genau wissen, was Sie verkaufen, um den gewünschten Umsatz zu erzielen. Wir brauchen das nicht zu tun. Wir müssen uns nicht die Zeit nehmen und alles über die Produkte lernen, denn in Wirklichkeit verkaufen wir keine Gesundheitsprodukte. Jetzt mögen Sie fragen „Was tun wir denn und was sollte ich tun?"

Wenn Sie das Geschäft schnell aufbauen möchten, suchen Sie nach Menschen, die „Etwas" möchten. Wir nennen das „Bestimme dein Leben" – was dafür steht, das Geld und die Zeit zu haben, um tun zu können, was man tun möchte. Wo nur 15% der Menschen entweder krank, verletzt oder gesundheitsbewusst sind, möchten 95% jeder Bevölkerung ein besseres Leben. „Sie möchten Etwas". Die anderen 5% haben es bereits. Sie haben bereits die Zeit, sie haben bereits das Geld und sie möchten am liebsten ewig leben und sie werden alles kaufen, was Sie haben.

Vor einigen Jahren waren wir in Kopenhagen, Dänemark, wir fuhren die Küste nach Helsingborg hinauf und mussten die Fähre nach Schweden nehmen. Es ist eine Überfahrt von 20 Minuten und es war Freitag. Als wir die Küste entlangfuhren, konnten wir sprichwörtlich Zehntausende von Jachten sehen. Als wir auf die Fähre kamen, sahen wir über das Wasser und konnten keine einzige Jacht auf dem Wasser entdecken. Wir konnten keine sehen, weil sie alle im Jachthafen lagen und sie lagen alle im Jachthafen, weil alle Besitzer noch an ihren Arbeitsplätzen waren.

Frage: Warum sollte ich zu den Jachthäfen gehen und mit den Menschen über Gesundheitsprodukte sprechen, wenn ich weiß, das nur 15% krank, verletzt oder gesundheitsbewusst sind? Was diese Leute wirklich wollen, ist ihre Jacht von Montag bis Freitag aufs Wasser zu bringen! Wir gehen zu den Jachthäfen und sprechen mit den Leuten darüber, was sie möchten, und dann zeigen wir ihnen, wie sie es erreichen können, indem sie das System nutzen.

Ein ähnliches Beispiel … Menschen laufen gerne Ski. Würden Sie lieber an den Wochenenden oder von Montag bis Freitag Skilaufen, wenn die Hänge nicht so überlaufen sind? Zweifellos ist von Montag bis Freitag die beste Zeit!

Unsere Philosophie ist sehr einfach. Wir suchen nach jemandem, der etwas möchte. Ob diese Person verkaufen kann oder nicht, spielt keine Rolle. Tatsache ist, wie ich bereits erwähnt habe, dass Verkäufer ein wenig mehr Ausbildungsarbeit von unserer Seite erfordern.

Ich habe kein Problem damit, die folgende Aussage zu treffen, denn ich meine, dass sie unbedingt zutrifft. „100% der Menschen auf der Welt, die nicht im Network Marketing sind, verstehen es nicht!" 80% - 90% der Menschen im Network Marketing verstehen es ebenfalls nicht. Was wir möchten ist, dass Menschen dieses Buch lesen. Wenn sie das Buch lesen, werden sie Network Marketing verstehen und wenn sie es verstehen, werden sie mitmachen. Nachdem sie dieses Buch gelesen haben, nennen wir sie die Menschen, die „wissen, wie man Auto fährt".

Das System

Das System umfasst 3 einfache Schritte. Wenn Sie Leute, die bereits eine Weile im Network Marketing sind, danach fragen, wie viel Training nötig ist, bis ihr „Neuling" durchstarten und jemanden sponsern kann, werden sie Ihnen erzählen: „Es dauert keine 1 oder 2 Stunden oder 1 oder 2 Tage. Es dauert wortwörtlich Wochen und Monate!" Sehr häufig sponsern ihre neuen Leute niemals jemanden und lassen die ganze Sache sausen. Der Grund dafür, dass sie niemanden gesponsert haben, ist sehr einfach. Sie haben niemanden gesponsert, weil ihnen niemand etwas beigebracht hat, das SIE TUN KÖNNEN!

Alle meinen, dass ihr Vehikel das schärfste auf dem ganzen Planeten ist. Wenn ich von Vehikel spreche, dann meine ich damit Ihr Unternehmen, Ihre Produkte und Ihren Marketingplan.

In einer Network-Marketing-Präsentation werden eine halbe bis zwei Stunden damit verbracht, Menschen alles über das Fahrzeug, das Unternehmen, die Produkte und den Marketingplan zu erzählen. Die Menschen begeistern sich und wenn sie unterschreiben, glauben sie, dass dieses spezielle Fahrzeug mit einem Lamborghini vergleichbar ist. Sie werden zustimmen, dass ein Lamborghini ein heißes Fahrzeug ist! Wenn sie am nächsten Tag losziehen und ein Gespräch mit Menschen beginnen, die ihre vielversprechendsten Interessenten sein könnten, stecken sie eine Schlappe nach der anderen ein, immer wieder und wieder. Sie laufen auf und ecken überall an und das aus einem ganz einfachen Grund: SIE WISSEN NICHT, WIE MAN AUTO FÄHRT.

Wie schon erwähnt, wenn Sie Network Marketing verstehen, dann sagen wir, dass Sie „Auto fahren können". Wenn Sie also einen Lamborghini besitzen, ein brandneues Modell, würden Sie Ihrem besten Freund erlauben, eine Runde mit Ihrem brandneuen Lamborghini um den Block zu drehen, wenn er nicht Auto fahren kann? Sicherlich würden Sie das nicht tun. Dasselbe gilt für Network Marketing. Wir zeigen niemals jemandem unser Fahrzeug, bevor er nicht fahren kann!

Lassen Sie mich nochmals versichern: Sobald Sie ein Produkt Ihres Unternehmens erwähnen, wird man glauben, dass Sie versuchen, etwas zu verkaufen oder dass Sie versuchen, andere dazu zu bringen, etwas für Sie zu verkaufen. An diesem Punkt verlieren Sie Ihr Gegenüber. Wir möchten nicht, dass Ihnen das passiert. Deshalb tragen wir den „Bestimme dein Leben" Anstecker, damit wir Leute dazu bringen können, über die richtigen Dinge zu sprechen: Über den Lebensstil und darüber, dass Menschen Wünsche haben. Damit erreichen wir Menschen von Anfang an auf dem richtigen Fuß.

Ich habe noch einen weiteren passenden Vergleich. Zu versuchen, ein Produkt im Networking Marketing zu verkaufen, ist wie die Motorhaube des Autos zu öffnen, den ganzen Motor auseinanderzunehmen und wieder zusammenzusetzen, bevor Sie überhaupt damit beginnen können, über das Geschäft zu sprechen. Mit dem System ist es eher so, als gäbe man Ihnen die Fahrzeugschlüssel in die Hand und würden Sie das Auto starten und auf der Autobahn fahren lassen, da Sie sofort mit dem Geschäft beginnen. Während Sie dies tun, lernen Sie alles, was Sie über das Unternehmen, die Produkte und den Marketingplan wissen müssen, über Ihren CD Player.

Sehen Sie den Unterschied? Bei der ersten Vorgehensweise müssen Sie alles über die Produkte, das Unternehmen und den Marketingplan wissen, bevor Sie überhaupt etwas tun können. Mit dem System müssen Sie gar nichts wissen und können sofort mit dem Aufbau Ihres Geschäfts beginnen.

Bedenken Sie, dass Menschen aus zwei Gründen bei Unternehmen aussteigen.

1. Sie verdienen kein Geld.
2. Sie hatten keine Erfahrung mit dem Produkt.

Wenn Sie den Menschen einen Weg zeigen können, wie sie jemanden an ihrem ersten oder zweiten Tag im Geschäft sponsern können, was ihnen ein kleines Einkommen für ihre Bemühungen einbringt - ob das nun 5 Euro oder 20 Euro oder 50 Euro sind, ist dabei zweitrangig - dann springt der Funke der Begeisterung über. Die bloße Tatsache, dass sie Geld bekommen werden, wird sie länger bei der Stange halten, wodurch sie Zeit gewinnen, um das Produkt kennenzulernen.

Das ist die Grundphilosophie. Alles was Sie tun müssen, ist den Menschen zu zeigen, „wie man Auto fährt", bevor Sie Ihnen das Vehikel zeigen.
Und so funktioniert das System.

ANSPRACHE VON MENSCH ZU MENSCH

Dies ist ein strikter Ansatz für den warmen Markt. Sobald Sie wissen, wie das System funktioniert, werden wir am Ende des Kapitels kurz abhandeln, wie Sie mit dem kalten Markt umgehen.

Nehmen wir an, Sie sprechen mit Leuten, die Ihre Freunde sind – Leute, die Sie bereits kennen. Ich kenne beispielsweise meinen Freund Tom seit vielen Jahren. Wir setzen uns gern öfters im Restaurant auf einen Kaffee, zum Frühstück oder Mittagessen zusammen. WICHTIG: Sie starten diesen Prozess, wenn Sie das Restaurant verlassen. Wenn Sie beginnen, sobald Sie Platz genommen haben, setzen Sie sich der Lage aus, jede Menge Antworten auf Fragen geben zu müssen, die Sie vielleicht nicht aus dem Stegreif beantworten können.

Auf Ihrem Weg nach draußen sagen Sie zu Tom: „Du, Tom, du könntest mir vielleicht bei etwas helfen. Kennst du jemanden, der gerne reist und Urlaub macht?"

Ich habe auf diese Frage noch nie ein NEIN erhalten. Beachten Sie, dass ich Tom nicht gefragt habe, ob ER gerne Urlaub macht. Ich fragte, ob er jemanden kennt, der es gerne tut. Er wird etwas in der Art antworten: „Ja, ich zum Beispiel", oder „Das tut doch jeder gern!"

Dann sage ich: „Tom, man braucht aber drei Dinge dazu. Man braucht Zeit, man braucht Geld und man muss gesund sein. Wenn ich DIR zeigen könnte, wie du alle drei haben könntest, wärst du interessiert?"

Beachten Sie, dass ich von der Frage, ob er jemanden kennt, auf die erste Person wechsle: „Wenn ich DIR zeigen könnte." Wiederum wird niemand mit NEIN darauf antworten. An diesem Punkt würde ich ihm meine Lifestyle-Visitenkarte (erhältlich unter www.mlm-training.com) aushändigen.

TELEFONISCHE ANSPRACHE

Nehmen wir an, ich telefoniere mit Tom. Es ist egal, ob er im Ausland lebt oder gleich um die Ecke wohnt. Sie können das System mit jedem Menschen und überall anwenden.

Wenn Sie kurz vor dem Auflegen sind, sagen Sie einfach „Tom, hast du jemals darüber nachgedacht, wie es wäre, wenn du dein eigenes Leben selbst bestimmen könntest?"

Nachdem ich das frage, herrscht üblicherweise ein langes Schweigen. Unterbrechen Sie das Schweigen und sagen Sie:

„Tom, was ich damit meine, sein eigenes Leben zu bestimmen, ist, dass nach Abzug der Zeit fürs Schlafen, Pendeln, Arbeiten und für Dinge, die du tagtäglich tun musst, für die meisten Menschen nur noch ein oder zwei Stunden ihres Lebens täglich übrig bleiben, um das zu tun, was sie tun möchten. Und haben sie dann überhaupt das Geld, um das zu tun?"

„Wir haben entdeckt, wie man lernen kann, sein eigenes Leben selbst zu bestimmen, indem man ein Geschäft von zu Hause aus aufbaut, und wir haben ein System, um dies so einfach zu gestalten, dass es für jeden möglich ist. Man braucht nichts zu verkaufen und das Beste daran ist, dass es auch nicht viel Zeit erfordert."

„Wenn es dich interessiert, gebe ich dir einige Informationen dazu."

Sie werden dies als *die 45-Sekunden-Präsentation* erkennen. Sie trägt diesen Namen, weil es nur 45 Sekunden dauert, sie durchzuführen. Die beliebteste Entschuldigung für eine Entscheidung gegen dieses Geschäft lautet: „Ich habe keine Zeit".

Im Sommer 2009 waren wir in Kazan, Russland, circa 600 Meilen außerhalb von Moskau und haben zu 6000 Vertriebspartnern gesprochen. Ich fragte sie: „Wie viele von Ihnen hatten mit Menschen zu tun, die Ihnen sagten, sie hätten keine Zeit für dieses Geschäft?" Jeder einzelne von ihnen hob die Hand. Sie hoben sogar beide Hände! Es ist die häufigste Ausrede dafür, warum Menschen das Geschäft nicht ausüben. Mit unserem System hören wir diese Ausrede nie, denn wir nehmen ihre Zeit nicht in Anspruch. Es dauert 30 Sekunden, um die Karte zu lesen. „Wenn du Interesse hast, lasse ich dir einige Informationen zukommen.“

Nachdem er mich die Worte *die 45-Sekunden-Präsentation* sagen hört, ist Tom interessiert. An diesem Punkt leihe ich Tom ein Exemplar des Buches *„Die 45-Sekunden-Präsentation, die Ihr Leben verändern wird“* und lasse ihn die ersten vier Kapitel lesen. Fordern Sie niemals jemanden auf, das ganze Buch zu lesen. Es wandert ins Bücherregal und wird erst zu „gegebener Zeit“ wieder herausgeholt. Fordern Sie dazu auf, die ersten vier Kapitel zu lesen und Ihr Gegenüber wird einen Blick darauf werfen, die Tabellen sehen und schnell verstehen, dass sich dies in kürzester Zeit durchlesen lässt. Wenn Ihr Ansprechpartner etwas möchte, wird er das Buch in einem Zug durchlesen. Wenn er das Buch gelesen hat, wissen Sie drei Dinge: (1) Ihr Gegenüber möchte etwas; (2) Sie haben jemanden, der jetzt Network Marketing versteht; und (3) Ihr Gegenüber weiß jetzt, wie man Auto fährt!

Und das ist der eigentliche Grund dafür, warum wir unseren Ansatz als „Bestimme dein Leben-Plan“ bezeichnen. Unser Buch wurde mehr als 5,5 Millionen Mal verkauft. 70% der Menschen, die das Buch erstmals gelesen haben, mussten es nicht bezahlen. Jemand lieh ihnen das Buch. Indem Menschen das Buch lesen, erkennen sie, wie großartig es ist, weil sie zukünftig keine Zeit damit verbringen müssen, das Geschäft zu erklären. Wir haben in der Vergangenheit drei bis vier Stunden und mehr für erweiterte Schulungen investiert, um Menschen das Geschäft zu erläutern. Wir haben das zehn Jahre lang getan und sind dabei ausgebrannt. Aber dann wurden wir schlauer und besprachen ein Tonband. Von dem Band wurde das Buch niedergeschrieben und jetzt verleihen wir einfach das Buch.

Einige Anmerkungen zu den drei Schritten:

Schritt 1: Verwenden Sie Ihre Lifestyle-Visitenkarten. Überreichen Sie die Karte, so dass Ihr Gegenüber *die 45-Sekunden-Präsentation* auf der Rückseite lesen kann. Wenn Sie telefonieren, können Sie sie vorlesen.

Schritt 2: Überreichen Sie das Buch. Wenn Sie am Telefon sind, können Sie das Buch versenden, und wenn Sie das Buch versenden, würde ich empfehlen, dass Sie es als Eilpost versenden, weil es die Sache dringlicher erscheinen lässt. Die meisten Menschen sind es nicht gewohnt, Eilpost zu erhalten.

Wir sind nun bereit für Schritt 3.

Schritt 3: Ihr Fahrzeug. Ihr Unternehmen, Produkt und Marketingplan. Ich sage den Leuten immer Folgendes: „Zeigen Sie mir ein Unternehmen in Ihrem Ort, das mit 100 Euro oder 150 Euro begann (je nachdem, womit Ihr Geschäft beginnt) und mit monatlichen Fixkosten von 100 Euro, 200 Euro oder 300 Euro weiterläuft." Jeder weiß, welche Fixkosten Unternehmen haben. Ich sage: „Weißt du, das ist alles, was es kostet, um mit unserem Geschäft zu beginnen, und mit den monatlichen Fixkosten bekommst du einige tolle Produkte, mit denen du dich wohler fühlen wirst und die dir wirklich gut gefallen werden. Hier ist meine Website." Geben Sie Ihren Gesprächspartnern Ihre Web-Adresse und lassen Sie sie einen Blick auf Ihre Unternehmens-Website werfen. Nachdem dies geschehen ist, stehen Sie für eventuelle Fragen bereit.

WICHTIG: Wenn Sie Ihre Web-Adresse weitergeben, sagen Sie ausdrücklich, dass Sie sich um alle Fragen kümmern werden. Sagen Sie nicht, dass Sie sie beantworten werden, denn Sie sind eventuell noch neu im Geschäft und können diese möglicherweise nicht beantworten. Sagen Sie, dass Sie sich darum kümmern werden. Das bedeutet, wenn Sie die Antworten auf die Fragen nicht wissen, werden Sie sich telefonisch an Ihren Sponsor oder dessen Sponsor wenden, damit dieser dabei hilft, diese Fragen zu beantworten.

Das ist alles!

WAS NICHT FUNKTIONIERT

Hier ein Beispiel: Wir befinden uns auf einem Flug nach Florida. Wir fliegen mit der Fluggesellschaft United und haben ein großes Punktguthaben für Gratisleistungen, also gönnen wir uns die Erste Klasse. Wir haben die Sitze 1A und 1B. Nancy sitzt auf 1B. Sie steht auf und geht auf die Toilette und bleibt im Gang stehen, um ihre Beine auszustrecken. Die Flugbegleiterin und der Flugsicherheitsbegleiter sitzen auf den Reservesitzen und essen etwas. Die Flugbegleiterin sieht auf und fragt Nancy: „Kann ich etwas für Sie tun?" Nancy antwortet: „Nein, alles ist in Ordnung, ich vertrete mir nur die Beine, aber ich sollte Sie fragen … kann ich etwas für Sie tun?" Sie sagt „Ja … geben Sie mir viel Geld!" (Das scheint das Erste zu sein, an was Menschen denken, wenn man ihnen diese Frage stellt – und es bringt sie zum Lachen, was den Beginn des Gesprächs angenehm macht.)

Nancy sagt: „Nun, das mach ich gern!" Sie geht also zu ihrem Sitz, holt ihre Lifestyle-Karte, überreicht sie und sagt: „Wenn Sie eine Minute Zeit haben, lesen Sie die Rückseite der Karte, und wenn Sie nach Hause kommen, besuchen Sie meine Website." Wir verwenden die bestimmedeinleben.com Informations-Website bevorzugt vor unserer Firmen-Website. Diese Art von Website ist sehr nützlich für die Kaltakquise.

Das Internet ist ein tolles System; ABER es funktioniert nicht, wenn Sie glauben, dass Sie 50.000 E-Mails an Menschen versenden können, die Sie nicht kennen. Sie werden sich nicht in Scharen bei Ihnen einschreiben und glücklich bis ans Ende ihrer Tage dabei bleiben. Der Grund, warum das nicht funktioniert, ist, dass niemand eine Verbindung hergestellt hat. Jemand, der sich auf diese Art bei jemandem aus dem Internet einschreibt, wird am Ende nichts kaufen und auch nicht sehr lange dabei bleiben.

Wir empfehlen Ihnen, bei dem System zu bleiben und ein leistungsstarkes Geschäft in dieser wundervollen Branche aufzubauen. Wir hoffen, Sie auf einer unserer nächsten unkonventionellen Zusammenkünfte kennenzulernen.

NOTIZEN

NOTIZEN

ANHANG 1
Wie man die Anstecknadel
„Bestimme dein Leben" und andere
45-Sekunden-Tools nutzt

Nancy und ich tragen die Anstecknadel „Bestimme dein Leben" überall, wohin wir gehen. Wenn uns Leute auf die Anstecknadel ansprechen, erklären wir ihnen, dass „sein Leben zu bestimmen" heißt, die Zeit und das Geld zu haben, das zu tun, was man tun will, und wann man es tun will. Das gibt uns auch die Möglichkeit, ein Gespräch zu beginnen und der Person eine Frage zu stellen: „Kennen Sie jemanden, der gern reist und Urlaub macht?" Damit beginnen wir ganz am Anfang der Stufenleiter des Systems. Die Anstecknadel ermöglicht es uns, mit unserem Kandidaten zuerst über Lebensstil zu sprechen. Wenn wir eine Anstecknadel mit dem Namen unserer Firma tragen würden und jemand uns darauf ansprechen würde, dann würden wir gleich mit Stufe Drei beginnen und über unsere Gesellschaft und die Produkte sprechen. Sobald Sie ein Produkt auch nur erwähnen, denken die Leute gleich, dass Sie ihnen etwas verkaufen wollen.

Sie sollten dafür sorgen, dass jeder in Ihrer Organisation die Anstecknadel trägt. Das wird der ganzen Organisation zugute kommen. Ich gebe Ihnen ein Beispiel: Nancy und ich machen oft Kreuzfahrten auf Luxusschiffen. Wenn wir beide allein reisen und von 3000 anderen Passagieren umgeben sind, werden uns im Laufe der Woche wahrscheinlich einige wenige Leute auf die Anstecknadel ansprechen. Doch wenn wir während der Kreuzfahrt eine unserer unkonventionellen Zusammenkünfte abhalten und dreißig oder vierzig unserer Leute dabei haben und sie alle die Anstecknadel tragen, dann wird jeder einzelne von ihnen von 50 bis 60 Personen darauf angesprochen. Wenn 40 Leute die Anstecknadel tragen und sich übers ganze Schiff bewegen, sehen die anderen 3000 Passagiere die Anstecknadel einfach überall. Ihre Neugier bezüglich der Anstecknadel schaukelt sich so hoch, dass sie unbedingt wissen wollen, was sie bedeutet.

Was ich soeben über das Tragen der Anstecknadel auf einer Kreuzfahrt geschrieben habe, wird auch an Ihrem eigenen Heimatort funktionieren. Wenn Sie der oder die Einzige sind, die diese Anstecknadel trägt, werden Sie ab und zu darauf angesprochen werden. Wenn aber jeder in Ihrer Gruppe sie immer und überall trägt, wird dies die Neugier in Ihrem Umfeld erhöhen und die gesamte Organisation wird davon profitieren.

Die Leute fragen uns, aus welchem Material die Anstecknadel gemacht ist, und wir sagen darauf, aus reinem Gold. Dann fügen wir hinzu, dass wir nur einen Witz gemacht haben, doch dass die Anstecknadel in Wirklichkeit mehr wert sei als reines Gold. Wenn jemand Sie darauf anspricht und Sie daraufhin ein gutes Gespräch führen und diese Person sich Ihrem Geschäft anschließt, dann kann dies weitaus mehr wert sein als reines Gold.

Menschen auf der ganzen Welt tragen die Anstecknadel. Sie ist sogar in Japan und in Deutschland sehr beliebt. Wenn jemand in Japan eine Anstecknadel mit einer englischen Aufschrift trägt, steigert das nur die Neugier. In Dänemark tragen die Leute die Anstecknadel auf den Kopf gestellt. Nancy fragte sie: „Warum tragt ihr die Anstecknadel verkehrt herum?" Die Antwort lautete, dass jeder, der sie sieht, sie richtig herum drehen will und den Träger darauf anspricht. Das bietet einen perfekten Einstieg in das System.

Wenn Nancy im Supermarkt einkaufen geht und bemerkt, dass jemand auf die Anstecknadel schaut, aber zu schüchtern ist, um sie darauf anzusprechen, sagt sie einfach ihrerseits: „Ich wette, Sie möchten wissen, was das bedeutet." Sie kann dieser Person dann ihre Visitenkarte mit der 45-Sekunden-Präsentation reichen. Das ist eine prima Art und Weise, neue Kontakte und Bekanntschaften zu knüpfen. Denken Sie daran: Wenn Sie jemanden kennenlernen, müssen Sie zuerst eine Verbindung zu ihm aufbauen. Sie müssen Freundschaft schließen. Die Anstecknadel ist ein guter Türöffner dazu.

Mit den richtigen Werkzeugen ausgestattet kann dieses Geschäft viel Spaß machen und es kann sehr schnell wachsen. Lesen Sie nochmals in Kapitel 7 nach, wie man ein allgemeines Gespräch über Network Marketing einleitet und einen Termin vereinbart, an dem Sie sich zusammensetzen wollen, um der Person alles über Ihr Programm zu erklären. Versuchen Sie NICHT, den ganzen Marketingplan an einer Straßenecke oder am Arbeitsplatz Ihres Interessenten zu erklären.

Vertriebspartner fragen manchmal: „An welchem Punkt zeige ich der neuen Person die Serviettenpräsentationen?" Die Antwort ist einfach: „Gar nicht." Ich gebe ihnen ein Buch und vereinbare einen nächsten Termin, zu dem wir uns zusammensetzen und das Material besprechen werden. Sobald sie das Buch gelesen haben, gibt es nicht mehr allzu viel zu besprechen. Nun ist der Zeitpunkt gekommen, um sie zu sponsern und mit der Arbeit zu beginnen, indem man ihnen hilft, jemanden anderen zu sponsern.

Ich schlage vor, Sie kaufen sich zehn Bücher des Titels „Die 45-Sekunden-Präsentation", um sie Ihrer Downline zur Verfügung zu stellen. Je eher Sie Tools für Ihre Arbeit einsetzen, umso eher wird Ihre Organisation wachsen. Ich wiederhole nochmals: Sie müssen Ihren Leuten die Schritte zum Erfolg BEIBRINGEN. Diese Bücher werden ihnen die Grundlagen geben. Dann können Sie damit aufbauen, ihnen Ihre persönlichen Erfolgserfahrungen mitzuteilen.

Selbst wenn Sie das phantastischste „Fahrzeug" der Branche haben, werden Ihre Vertriebspartner oder Repräsentanten nirgends hinkommen, solange sie nicht wissen, wie man „Auto fährt". Wenn Sie Ihren Vertriebspartnern oder Repräsentanten die Präsentationen in diesem Buch beibringen, bringen Sie Ihnen das „Autofahren" bei. Eine neue Person in ihr „Fahrzeug" einsteigen zu lassen, ohne sie zu lehren, wie man „Auto fährt", ist reine Zeitverschwendung – für beide Seiten!

„Die 45-Sekunden-Präsentation, die Ihr Leben verändern wird" sollte als Geschenk an Ihre Vertriebspartner weitergegeben werden.

-Don Failla

NOTIZEN

ANHANG 2
Wie man ein erfolgreiches NWM-Geschäft aufbaut ...mit Spaß und schnell!

Hier sind die 5 einfachen Schritte

1. Sprechen Sie mit einem Bekannten darüber, was es heißt, sein eigenes Leben selbst zu bestimmen. Geben Sie ihm Ihre Lifestyle-Karte und schicken Sie ihn zu Ihrer bestimmedeinleben.com-Website. Dieser Schritt nimmt nur 5 Minuten in Anspruch.

2. Helfen Sie Ihrem Bekannten, NWM zu verstehen: Leihen Sie Ihrem Bekannten Don Faillas Buch *Die 45-Sekunden-Präsentation, die Ihr Leben verändern wird*. Dieser Schritt nimmt 1 Minute in Anspruch.

3. Holen Sie eine Verpflichtungserklärung ein. Fragen Sie Ihren Bekannten: „Wärst du bereit, für 5 bis 10 Stunden pro Woche über 6 Monate hinweg zurück zur Schule zu gehen, um zu lernen, wie du dein eigenes Leben selbst bestimmen kannst?" (30 Sekunden) Wenn er mit JA antwortet - Gehen Sie weiter zu Schritt 4. Wenn er mit NEIN antwortet - Zeigen Sie ihm Ihre Produkte und machen Sie ihn zu einem Freundschaftskunden, und holen Sie sich eine Empfehlung. Dieser Schritt nimmt 2 Minuten in Anspruch.

4. Zeigen Sie ihm Ihr „Fahrzeug" (Unternehmen, Produkte, Marketingplan). Die anfängliche Geschäftsvorstellung sollte 15 Minuten nicht überschreiten. Schreiben Sie Ihren neuen Vertriebspartner ein.

5. Sorgen Sie dafür, dass Ihr neuer Vertriebspartner die obigen Schritte mit seinen Bekannten wiederholt.

Arbeiten Sie mit Köpfchen!

Für den erfolgreichen Aufbau einer Organization braucht man 3 Elemente:

1. Fahrzeug (Unternehmen, Produkte, Marketingplan)

2. Benzin (motivierende Bücher, CDs, Vorträge, Sponsor, Wettbewerbe, Großveranstaltungen, usw.)

3. Fahrkenntnisse (NWM verstehen)
   - Lassen Sie die NWM-Schulungstools die Arbeit tun und sparen Sie Zeit.
   - Wenn Ihr Interessent beginnt, eine Menge Fragen zu stellen, sagen Sie ihm, das sei der Stoff der 5 bis 10 Stunden pro Woche. Ihr Interessent muss nicht alles wissen, um zu starten.

Die Philosophie von Don and Nancy Failla

Nehmen Sie sich 15 Minuten Zeit, um herauszufinden, ob jemand bereit ist, sich die Zeit zu nehmen, um ein Fahrzeug fahren zu lernen, bevor Sie 1 bis 4 Stunden damit verschwenden, ihm das Fahrzeug zu beschreiben.

NOTIZEN

NOTIZEN

ANHANG 3
Kernideen und Redewendungen von Don & Nancy Failla

Hier finden Sie einige unserer Lieblingssätze (einige klingen einfach nur gut, doch die meisten bergen ein Quäntchen Weisheit) und einige unserer Kernideen, die in unser erfolgreiches Unternehmen eingeflossen sind. Unser Vorschlag: Laden Sie ein paar Freunde zu einer „Brutzel-Sitzung" ein, lesen Sie diese Sätze vor und sprechen Sie darüber. Sie werden eine Menge Spaß haben und eigene Ideen entwickeln.

Dons Lieblingssprüche

- Wenn du willst, dass deine Träume wahr werden, wach auf.
- Gewinne einen Freund und lerne seine Freunde kennen.
- Bring deinen Leuten bei, dies zu tun, und dann tu jenes.
- Wer glaubt, dass Networking etwas mit Verkauf zu tun hat, wird in diesem Geschäft nie wirklich groß herauskommen, mit nur ganz wenigen Ausnahmen.
- Der Computer ist ein großes Plus beim Aufbau deines Geschäfts, also lerne wenigstens, mit E-Mails zu arbeiten.
- Menschen, die keine Verkäufertypen sind, glauben, verkaufen bedeutet, jemandem etwas aufzuschwatzen, das er nicht braucht und nicht will.
- Dies ist ein Geschäft, bei dem es ums Sponsern und Schulen geht, und nicht eines, bei dem es ums Rekrutieren und Verkaufen geht!
- Network Marketing ist der Aufbau einer Verbraucherfamilie.

- Du rekrutierst niemanden, damit er für dich verkauft; sponsere Leute, damit du für sie arbeiten kannst.
- Du duplizierst dich nicht, solange die Person, die du gesponsorst hast, nicht 3 Ebenen unter sich hat.
- Das Geheimnis des Systems liegt darin, nicht lange zu reden: Lass die Tools sprechen.
- Je mehr du sprichst, umso eher glaubt dein Interessent, dass er dazu keine Zeit hat und dass er niemals tun könnte, was du tust.
- Verkäufer können in diesem Geschäft großartige Erfolge erzielen - wenn sie bereit sind, dieses Geschäft zu erlernen.
- Zeitmangel ist die beliebteste Ausrede dafür, gar nicht erst mit dem Geschäft anzufangen.
- Jeder kann einen Fremden kennenlernen, wenn jemand ihm den Fremden vorstellt.
- Achte auf Lauscher.
- Wenn du mit deinen Freunden nicht über dein Network-Marketing-Unternehmen sprechen kannst, dann glaubst du entweder nicht daran oder du verstehst es nicht.
- Wenn jemand das Geschäft versteht, sagen wir, er kann Auto fahren.
- Wenn du eine Pyramide sehen willst, reise nach Ägypten.
- Um mehr als zwei Ebenen tief zu duplizieren, brauchst du ein einfaches System.
- Du kannst deinem Freund das System in weniger als 10 Minuten erklären.
- Streiche das Wort „verkaufen" aus deinem Vokabular.
- 5% der Bevölkerung sind Verkäufertypen, 95% sind keine Verkäufertypen. Lerne, dein Geschäft mit denen aufzubauen, die keine Verkäufertypen sind; sie konkurrieren nicht mit anderen und du kannst viel mehr Leute ansprechen.
- Bringe deinen Interessenten das Fahren bei, bevor du ihnen dein Fahrzeug zeigst.
- Würdest du deinem besten Freund erlauben, in deinem nagelneuen, heißen Sportwagen eine Runde um den Block zu drehen, wenn er nicht fahren könnte?

- Anfangs arbeitest du vielleicht hart für wenig Geld, später arbeitest du kaum noch und verdienst ein Vermögen.
- Einen einzigen neuen Freund zu finden kann einen Unterschied ausmachen.
- Je mehr du weisst, umso langsamer wächst du.
- Nimm nur Ratschläge von Leuten an, die gerade ein Geschäft aufbauen.
- Eine Hundertnamensliste ist Verkaufssprache, nicht Network Marketing.
- Eine kurze Liste ist ok.
- Zeig den Leuten, die du schon hast, wie sie mit Leuten sprechen sollen, die sie schon kennen.
- Wenn du dein Geschäft richtig machst, brauchst du nie nach Fremden zu suchen.
- Die Leute, die du bereits kennst, sind dein „Land der Diamanten".
- Bei einer „Brutzel-Sitzung" geht es darum, zusammenzukommen und Ideen auszutauschen.
- Als Arbeitnehmer hilfst du jemandem anderen, seine Träume zu verwirklichen.
- Finde jemanden, der etwas haben will. Dann zeig ihm, wie ihm das System helfen kann, es zu bekommen.
- Zwei Dinge geschehen, wenn du zu viel mit deinem Interessenten sprichst. Er glaubt, er hat dazu keine Zeit und dass er niemals tun kann, was du tust.
- Die Bewegung „Bestimme dein Leben" erfasst die ganze Welt.
- Die Anstecknadel „Bestimme dein Leben" ist zwar nicht aus purem Gold, doch sie ist viel mehr wert.
- Ohne Landkarte kannst du dich verirren.
- Echte Kerle fragen nicht nach dem Weg.
- Verkäufern Schweigen beizubringen, ist schwer.
- In diesem Geschäft geht es um Multiplikation, nicht um Addition oder Subtraktion.
- Was willst du?
- Verkaufe einem Menschen, der kein Verkäufertyp ist, zuerst deine

Produkte oder deine Dienstleistung und er wird immer glauben, dass sich dieses Geschäft ums Verkaufen dreht.

- Network Marketing und Verkauf sind wie Öl und Wasser: Sie lassen sich nicht vermischen.
- Es gibt Network-Marketing-Unternehmen und es gibt Direktvertriebsgesellschaften und sie sind nicht dasselbe.
- Lasse die Tools für dich arbeiten.
- Dein bestes Werkzeug ist dein Sponsor.

Nancys Lieblingssprüche

- Lebe nicht, um zu arbeiten, sondern arbeite, um zu leben. Schufte dich nicht kaputt; gestalte dir auf smarte Art dein Leben!
- Geld ist nicht alles, aber es hilft, den Kontakt zu Kindern und Enkelkindern nicht zu verlieren.
- Was du heute tust bestimmt deine Zukunft.
- Jetzt schlägt die Stunde für uns Frauen.
- Warum macht nicht schon jeder Network Marketing?
- Es ist besser, sich morgens noch einmal im Bett umzudrehen als aus dem Bett zu fallen, wenn der Wecker klingelt.
- Du kannst da sein und deine Kinder aufwachsen sehen.
- Es geht dabei um Spaß, Glücklichsein und einen gesunden Lebensstil.
- Die Zeiten ändern sich und es ist immer gut, neue Dinge zu lernen.
- Deine Träume können wahr werden, wenn du die Vision des Network Marketing begreifst.
- Du weißt nie, wann du deinen nächsten besten Freund triffst oder deine nächste beste Idee hast.
- Du willst entweder dein Leben selbst bestimmen oder nicht; es ist deine Entscheidung.
- Network Marketing ist bezahltes gesellschaftliches Leben.
- Gönne dir jeden Tag etwas Spaß.
- Ein Leben mit Stil wünscht sich jeder, und du kannst es haben!
- Ich habe noch nie einen Mann kennengelernt, der nicht gern mit

einer Frau arbeitet, besonders, wenn sie für ihn Geld verdient.

- Dein Lebensweg spiegelt die Entscheidungen wider, die du getroffen hast.
- Das Leben ist wie ein Buch. Wenn du nicht reist, liest du nur eine Seite.
- Fahr in Urlaub, wann immer du willst.
- Eine gute Einstellung macht einen Riesenunterschied.
- Du kannst es im Network Marketing schaffen, wenn du die Tools nutzt und niemals aufgibst.
- Wie würde dein Leben aussehen, wenn Zeit und Geld kein Problem wären?
- Network Marketing ist das größte Geschenk, das du einem Freund machen kannst.
- Du kannst dir ein zweites Einkommen schaffen, ohne einen zweiten Job anzunehmen.
- Zeit ist deine wertvollste und am stärksten begrenzte Ressource.
- Wenn du wirklich etwas willst, kannst du es im Network Marketing schaffen.
- Manche Leute reisen im Geiste, manche Leute reisen mit dem Finger auf der Landkarte, und manche Leute reisen tatsächlich irgendwo hin.
- Frauen sind am besten, weil sie sich von Natur aus gern um andere kümmern.
- Du bist nie zu alt, um zu beginnen.
- Erfahrung ist der beste Lehrer.
- Erfahrung lässt sich durch nichts ersetzen.
- Was bringt Freude in dein Leben?
- Denke klug, baue klug, sei klug.
- Es macht Spaß, frei zu sein.
- Willkommen zur Freiheit.
- Warum weiterhin nur für den Lebensunterhalt arbeiten, wenn du dir ein Leben mit Stil schaffen und etwas wirklich Wichtiges tun kannst?
- Stress ist die Todesursache Nummer Eins.
- Unser Geschäft dreht sich um Menschen: Wir verändern die Leben von Menschen, bei einem Menschen nach dem anderen.

- Halte es unkompliziert, bring Spaß rein und die Leute werden mitmachen wollen.
- Nimm dich selbst nicht zu ernst. Entspann dich und genieße es.
- Je mehr Spaß du dabei hast, umso erfolgreicher wirst du werden.
- Beim Networken hat man pro Stunde mehr Spaß.
- Spaß haben ist deine Vollzeitbeschäftigung.
- Es gibt jede Menge einsamer Menschen, die sich einem Network-Marketing-Unternehemn anschließen sollten.
- Sei ein guter Zuhörer.
- Da ist ein Licht am Ende des Tunnels.
- Lerne, Fragen zu stellen.
- Du wirst diese Welt sowieso nicht lebend verlassen, also kannst du es genauso gut wagen.
- Du hast ein Leben, lebe es.
- Du hast ein Leben und es gehört dir.
- Fast jeder würde gern reisen.
- Reisen auf Kreuzfahrtschiffen ist gut für die Seele.
- Einkaufen ist eine gute Sache.
- Sich einschränken zu müssen ist schlecht.

Dons und Nancys Lieblingssprüche

- Hast du die Nase voll davon, die Nase voll zu haben?
- Wir sind nicht in Urlaub; das ist unser Alltagsleben.
- Die Heimatbarriere zu durchbrechen heißt, sich zu Hause zu fühlen, wo auch immer man ist.
- Wir haben in 18 Monaten in 65 Restaurants von Amerikas teuerster Restaurantkette gegessen und bekamen zwei Mappen mit kostenlosen Flugtickets für eine Reise um die Welt.
- Wir sind Lifestyle-Trainer und lehren Menschen, wie man ein besseres Leben führen kann.
- Ohne Zeit, Geld und Ihre Gesundheit haben Sie wirklich nicht viel vom Leben.

- Ein einzelner Mensch kann Enormes bewirken.
- Kinder können großartige Motivatoren sein.
- Internationale Reisen: Nimm nur so viel mit, soviel du selbst tragen kannst.
- Fehler können dich Zeit und Geld kosten.
- Zeitplanung ist sehr wichtig.
- Zuhören ist wichtiger als Reden.
- Wir möchten unseren Leuten beibringen, dass jeder dieses System nachmachen kann.
- Reisen für einen Zweck ist besser als Tourist zu sein.
- Tragen Sie die Anstecknadel „Bestimme dein Leben" jeden Tag.
- Wir reisen so viel, dass unser ganzes Leben abschreibfähig ist.
- Wir haben Richard Rabbit als unser Maskottchen gewählt, weil Kaninchen sich so schnell multiplizieren.
- Das System an der Hand zu haben, wird Ihnen Selbstbewusstsein geben.

NOTIZEN

NOTIZEN

NOTIZEN

 Ich lernte „Die 45-Sekunden-Präsentation, die Ihr Leben verändern wird" durch meine Schwester und Geschäftspartnerin kennen. Sie stieß zufälligerweise auf eine alte Ausgabe in einem Antiquariat. Anfangs bemerkten wir kaum, dass dieses Buch unseren Geschäftsstil ändern würde. Es dauerte nicht lange, bis wir merkten, dass die Inhalte des Buches genau das fehlende Stück in unserem Geschäft ausmachten. Wir waren davon so beeindruckt, dass wir Don baten, auf einem Seminar zu sprechen. Ich denke, dass dieses Buch ein Werkzeug ist, das jeder in seiner Werkzeugkiste haben sollte!

– Brenda Jumpa

 Don Faillas Buch hat genau das gemacht, was der Titel ankündigt: Es hat unser Leben verändert und das von vielen in unserer Organisation. Ohne Zweifel war es der Hauptgrund, warum unsere Organisation in unserer speziellen Branche so schnell gewachsen ist. Wir benutzen das System in diesem Buch ständig, um die Menschen auszubilden, die wir sponsern.

Wir geben das Buch jedem Neuen, der sich bei uns einschreibt. Es ist unser Handbuch, in dem steht, wie wir arbeiten. Weil wir uns so oft darauf beziehen, nennen wir es respektvoll „Die 45".

Durch die Einfachheit der Serviettenpräsentationen und des All-round-Systems kann es jeder verstehen und sofort in die Praxis umsetzen. Nur dadurch, dass wir das Konzept angewandt haben, um eine Organisation in die Tiefe aufzubauen, konnten wir so erfolgreich werden. Wie danken den Faillas für ihre Fachkenntnisse und ihr Wissen, das sie in dieses Buch gelegt haben!

– Willie and Dede Ashley

 Ich startete ein Geschäft von zu Hause aus auf Grund dieses Buches. Ich habe dieses Buch als ein Werkzeug benutzt für andere, die ich für unser Team sponserte. Ich muss nicht stundenlang erklären, wie man das Geschäft aufbaut oder dass Network Marketing kein Pyramidensystem ist. Ich gebe Interessenten einfach das Buch. Wenn sie es lesen, weiß ich, sie haben Interesse.
Wenn nicht, gehe ich weiter.

– Shannon Struik

 Don Faillas Buch „Die 45-Sekunden-Präsentation, die Ihr Leben verändern wird" ist ein essentielles Werkzeug für jede Network-Marketing-Organisation. Dieses Buch hat das Konzept des Network Marketings für viele in dieser Branche revolutioniert. Ich hatte eine negative Vorstellung von Network Marketing, bevor ich dieses Buch las. Als ich es gelesen hatte, war ich in der Lage, die Konzepte zu verstehen und die Gedankenmuster, die mich mit den Werkzeugen versorgten, um ein erfolgreiches System aufzubauen. Durch dieses Buch war ich in der Lage, ein System einzuführen, mein Geschäft effektiv auszuüben und seine Langlebigkeit zu gewährleisten.

Anderen dieses System beizubringen hat mein System nach vorne gebracht. Es hat mir das Ziel, ein Netzwerk von Menschen aufzubauen, sehr viel näher gebracht, als ich es für möglich hielt.

Mein Geschäft wäre ohne Don Faillas bemerkenswertem Buch heute nicht das, was es ist. Tatsächlich hätte ich Network Marketing als Beruf keine Chance gegeben. Natürlich veranlasse ich jeden in meinem Team, dieses Buch zu lesen, weil ich weiß, es gibt ihnen die Anleitung, die sie zum Erfolg brauchen. Ich kann mir kein besseres Geschenk vorstellen!

– Tiffany Obar

zusätzliches Material

Don und Nancy Failla haben eine Vielzahl an Network-Marketing-Tools veröffentlicht, um Ihnen zu helfen, Ihr Geschäft zu optimieren.

Diese und weitere Produkte zu den Themen Network Marketing, Persönlichkeitsentwicklung und Erfolg finden Sie unter:

www.mlm-training.com